大数据技术与应用专业规划教材

大数据技术与应用

◎ 娄岩 主编

清华大学出版社

北京

内 容 简 介

本书是将大数据这一计算机前沿科学和基本应用有机结合的典范教材,全面介绍大数据和相关的基础知识,由浅入深地剖析大数据的分析处理方法和技术手段,突出介绍大数据最新的发展趋势和技术成果。

本书的一大亮点是每章中都使用图表对大数据与传统数据处理方式进行对比。另外,本书注重启发式的学习策略,便于读者理解和掌握。全书每章均包括实际应用案例与关键词注释,方便读者查阅和自学,同时配备习题和参考答案。

本书体系完整、内容丰富、注重应用、前瞻性强、适用性好,并有开放式的课程教学网站(http://www.cmu.edu.cn/computer)提供技术支持。

本书既可以作为普通高校大数据技术的基础教材,也可以作为职业培训教育及相关技术人员的参考用书。

图书在版编目(CIP)数据

大数据技术与应用/娄岩主编.—北京:清华大学出版社,2016(2022.1 重印)
(大数据技术与应用专业规划教材)
ISBN 978-7-302-45181-5

Ⅰ.①大… Ⅱ.①娄… Ⅲ.①数据处理 Ⅳ.①TP274

中国版本图书馆 CIP 数据核字(2016)第 239578 号

责任编辑:贾　斌　王冰飞
封面设计:刘　键
责任校对:胡伟民
责任印制:朱雨萌

出版发行:清华大学出版社
   网　　址:http://www.tup.com.cn,http://www.wqbook.com
   地　　址:北京清华大学学研大厦 A 座   邮　　编:100084
   社 总 机:010-62770175   邮　　购:010-83470235
   投稿与读者服务:010-62776969,c-service@tup.tsinghua.edu.cn
   质量反馈:010-62772015,zhiliang@tup.tsinghua.edu.cn
   课件下载:http://www.tup.com.cn,010-83470236

印 装 者:三河市龙大印装有限公司
经　　销:全国新华书店
开　　本:185mm×260mm 印　张:10.5   字　　数:262 千字
版　　次:2016 年 11 月第 1 版   印　　次:2022 年 1 月第 9 次印刷
印　　数:9501～10700
定　　价:32.00 元

产品编号:070869-01

本书编委会

主　　编：娄　岩

副 主 编：郑琳琳　徐东雨

编委成员（按姓氏笔画排列）：

丁　林　马　瑾　刘尚辉　张志常

李　静　庞东兴　曹　阳　霍　妍

IT 产业在其发展历程中,经历过几轮技术浪潮。如今,大数据浪潮正在迅速地朝人们涌来,并将触及到各个行业和生活的许多方面。大数据浪潮将比之前发生过的浪潮更大、触及面更广,给人们的工作和生活带来的变化和影响更深刻。

大数据的应用激发了一场思想风暴,也悄然地改变了人们的生活方式和思维习惯。大数据正以前所未有的速度颠覆人们探索世界的方法,引起工业、商业、医学、军事等领域的深刻变革。因此,在当前大数据浪潮的猛烈冲击下,各个专业的高校大学生迫切需要充实和完善自己原有的 IT 知识结构,掌握两个"本领":一是掌握大数据基本技术与应用,使大数据能够为我所用;二是挖掘数据之间隐藏的规律与关系,使大数据更好地服务于社会发展。为此,本书围绕大数据及其相关技术这一主题,采用深入浅出的叙述方式,简明扼要地阐述大数据及其相关最新技术的基本理论、关键技术和实际应用,目的是让广大师生以计算机公共基础课程为知识载体,对大数据在各个领域的应用方法和相关知识有所了解。将大数据相关课程纳入大学基础教育中,必将引领学生更好地把握时代科学发展的脉搏和历史赋予的机遇。

在编写原则上,本书既维持了大数据技术本身应有的系统性和理论性,又着重体现其在各个领域内的应用性与针对性。本书的一大亮点是每章都使用图表对大数据与传统数据处理方式进行对比。另外,本书注重启发式的学习策略,便于读者理解和掌握。全书每章均包括实际应用案例与关键词注释,方便读者查阅和自学,同时配备习题和参考答案。

全书在内容上共分成 11 章:第 1 章大数据概论由娄岩编写,第 2 章大数据采集及预处理由郑琳琳编写,第 3 章大数据分析概论由刘尚辉编写,第 4 章大数据可视化由李静编写,第 5 章 Hadoop 概论由马瑾编写,第 6 章 HDFS 和 Common 概论由丁林编写,第 7 章 MapReduce 概论由徐东雨编写,第 8 章 NoSQL 概论由曹阳编写,第 9 章 Spark 概论由庞东兴编写,第 10 章云计算与大数据由张志常编写,第 11 章典型大数据解决方案由霍妍编写。

清华大学出版社对本书的出版做了精心策划,充分论证,在此向所有参加编写的同事们及帮助和指导过我们工作的朋友们表示衷心的感谢! 由于编者水平有限,加之时间仓促,书中难免存在疏漏之处,恳请广大读者批评斧正。

娄 岩
2016 年 9 月

CONTENTS 目 录

第 **1** 章

大数据概论

 导学

内容与要求

本章主要涉及大数据技术简介、大数据的技术架构、大数据的整体技术、大数据分析 4 种典型工具及大数据未来发展趋势，以便读者更好地了解什么是大数据技术。

"大数据技术简介"一节包含 IT 产业的发展简史、大数据的主要来源、数据生成的 3 种主要方式、大数据的特点、大数据的处理流程、大数据的数据格式、基本特征和应用领域。了解大数据的主要来源，掌握大数据的特点和大数据的处理流程。

"大数据的技术架构"一节介绍 4 层堆栈式技术架构，包括基础层、管理层、分析层和应用层。

"大数据的整体技术"一节介绍数据采集、数据存取、基础架构、数据处理、统计分析、数据挖掘、模型预测和结果呈现等大数据的整体技术。

"大数据分析的 4 种典型工具简介"一节介绍的工具包括 Hadoop、Spark、Storm 和 Apache Drill。

"大数据未来发展趋势"一节中简介数据资源化。随着大数据应用的发展，大数据资源成为重要的战略资源，数据成为新的战略制高点。

重点、难点

本章重点是了解大数据的特点、特征和大数据未来发展趋势，难点是了解大数据技术架构和整体技术。

大数据(Big Data)指当传统的数据挖掘和处理技术对某些数据无法进行处理时使用的过程。如数据是非结构化,时间敏感或信息量巨大,以至于无法通过关系数据库引擎进行处理的数据。这些类型的数据,需要采用不同的处理方法和实时且具有分布式处理能力的并行硬件设备。

1.1 大数据技术简介

大数据究竟是什么?有哪些相关技术?对普通人的生活会有怎样的影响?大数据未来的发展趋势如何?本节将一一介绍这些问题。

早在 1980 年,著名未来学家阿尔文·托夫勒便在《第三次浪潮》一书中,将大数据热情地赞颂为“第三次浪潮的华彩乐章”。从技术层面上看,大数据无法用单台计算机进行处理,而必须采用分布式计算架构。其特色在于对海量数据的挖掘,但它又必须依托一些现有的数据处理方法,如云式处理、分布式数据库、云存储与虚拟化技术等。

大数据是继物联网之后 IT 产业又一次颠覆性的技术变革,其核心在于为客户从数据中挖掘出蕴藏的价值,而不是软硬件的堆砌。因此,针对不同领域的大数据应用模式、商业模式的研究和探索将是大数据产业健康发展的关键。

1.1.1 IT 产业的发展简史

可以说 IT 产业的每一个发展阶段都是由新兴的 IT 供应商主导的,虽然它们的起因可能是由于军事方面或科学发展的需要。它们改变了已有的秩序,重新定义了计算机的规范,并为进入 IT 领域的新纪元铺平了道路。

20 世纪 60 年代和 70 年代的大型机阶段是以 Burroughs、Univac、NCR、Control Data 和 Honeywell 等公司为首的。而 20 世纪 80 年代后,小型机便如雨后春笋般涌现出来,为首的公司包括 DEC、IBM、Data General、Wang、Prime 等。

到了 20 世纪 90 年代,IT 产业进入了微处理器或个人计算机阶段,Microsoft(微软)、Intel、IBM 和 Apple 等公司成为了当之无愧的领军者。从 20 世纪 90 年代中期开始,IT 产业进入了网络化阶段。如今,全球在线的人数已经超过了 10 亿,这一阶段由 Cisco、Google、Oracle、EMC、Salesforce.com 等公司领导,局域网、互联网和物联网等的发展方兴未艾。IT 产业的下一个阶段,也就是本书将介绍的内容所描述的全新的 IT 变革还没有被正式命名,人们更愿意称其为云计算/大数据阶段。

众所周知,目前数字信息每天在无线电波、电话电路和计算机电缆等媒介中川流不息。人们周围到处都是数字信息,在高清电视机上看数字信息,在互联网上听数字信息,人们自己也在不断地制造新的数字信息,如每次用数码照相机拍照后,都会产生新的数字信息;通过电子邮件把照片发给朋友和家人,同样制造了许多数字信息。不过,没人知道这些流式数字信息有多少,增加速度有多快,其激增意味着什么。

2007 年是有史以来人类创造的信息量第一次在理论上超过可用存储空间总量的一年。然而,这并不可怕,调查结果强调现在人类应该也必须合理调整数据存储和管理。如 30 多年前,通信行业的数据大部分还是结构化数据。如今,多媒体技术的普及导致非结构化数据如音乐和视频等的数量出现爆炸式增长。虽然 30 多年前的一个普通企业用户文件也许表现为数据库中的一排数字,但是如今的类似普通文件可能包含许多数字化图片和文件的影像或者数字化录音内容。现在,94％以上的数字信息都是半结构化或非结构化数据,在各组织和企业中,它们占到了所有信息数据总量的 80％以上。

另外,可视化是引起数字世界急速膨胀的主要原因之一。由于数码照相机、数码监控摄像机和数字电视内容的加速增长及信息的大量复制趋势,使得数字世界的容量和膨胀速度超过此前估计。同时个人日常生活的"数字足迹"也大大地刺激了数字世界的快速增长。通过互联网及社交网络、电子邮件、视频、移动电话、数码照相机和在线信用卡交易等多种方式,每个人的日常生活都在被"数字化",数字世界的规模从 2006～2011 年 5 年间约膨胀了10 倍,如图 1-1 所示。

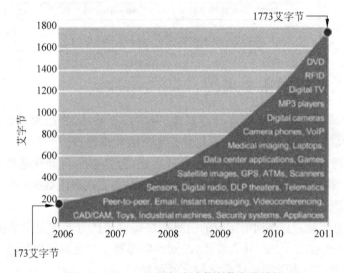

图 1-1　2006～2011 年全球数字信息的增长

大数据快速增长的原因之一是智能设备的普及,如传感器、医疗设备及智能建筑(如楼宇和桥梁)。此外,非结构化信息,如文件、电子邮件和视频,将占到未来 10 年新生数据的90％。非结构化信息增长的另一个原因是由于高宽带数据的增长,如视频。

用户手中的手机和移动设备是数据量爆炸的一个重要原因。目前,全球手机用户共拥有 50 亿台手机,其中 20 亿台为智能手机,相当于 20 世纪 80 年代 20 亿台 IBM 的大型机在消费者手里。

大数据正在以不可阻挡的磅礴气势,与当代同样具有革命意义的最新科技进步(如虚拟现实技术、增强现实技术、纳米技术、生物工程、移动平台应用等)一起,揭开人类新世纪的序幕。

大数据时代已悄然地来到人们身边,并渗透到每个人的日常生活之中,谁都无法回避。它提供了光怪陆离的全媒体、难以琢磨的云计算、无法抵御的虚拟仿真环境和随处可在的网络服务。随着互联网技术的蓬勃发展,人们一定会迎来大数据的智能时代,即大数据技术和生活紧密相连,它再也不仅仅是人们津津乐道的一种时尚,而是成为生活上的向导和助手。中国大数据市场的应用展望如图 1-2 所示。

图 1-2　中国大数据市场的应用展望

1.1.2　大数据的主要来源

大数据的来源非常广泛,如信息管理系统、网络信息系统、物联网系统、科学实验系统等,其数据类型包括结构化数据、半结构化数据和非结构化数据。

(1)信息管理系统:企业内部使用的信息系统,包括办公自动化系统、业务管理系统等。信息管理系统主要通过用户输入和系统二次加工的方式产生数据,其产生的大数据大多数为结构化数据,通常存储在数据库中。

(2)网络信息系统:基于网络运行的信息系统即网络信息系统是大数据产生的重要方式,如电子商务系统、社交网络、社会媒体、搜索引擎等都是常见的网络信息系统。网络信息系统产生的大数据多为半结构化或非结构化的数据。

(3)物联网系统:物联网是新一代信息技术,其核心和基础仍然是互联网,是在互联网基础上的延伸和扩展的网络,其用户端延伸和扩展到了任何物品与物品之间,进行信息交换和通信,而其具体实现是通过传感技术获取外界的物理、化学和生物等数据信息。

(4)科学实验系统:主要用于科学技术研究,可以由真实的实验产生数据,也可以通过模拟方式获取仿真数据。

1.1.3　数据生成的 3 种主要方式

从数据库技术诞生以来,产生数据的方式主要有 3 种。

1)被动式生成数据

数据库技术使得数据的保存和管理变得简单,业务系统在运行时产生的数据可以直接保存到数据库中,数据随业务系统运行而产生,因此该阶段所产生的数据是被动的。

2)主动式生成数据

物联网的诞生,使得移动互联网的发展大大地加速了数据的产生几率。例如,人们可以通过手机等移动终端,随时随地产生数据。用户数据不但大量增加,同时用户还主动提交了自己的行为,如实时发送照片、邮件和其他信息,使之进入了社交、移动时代。大量移动终端设备的出现,使用户不仅主动提交自己的行为,还和自己的社交圈进行了实时互动,因此数据大量地产生出来,且具有极其强烈的传播性。显然如此生成的数据是主动的。

3) 感知式生成数据

物联网的发展使得数据生成方式得以彻底的改变。如遍布在城市各个角落的摄像头等数据采集设备源源不断地自动采集并生成数据。

1.1.4 大数据的特点

在大数据背景下,数据的采集、分析、处理较之传统方式有了颠覆性的改变,如表 1-1 所示。

表 1-1 传统数据与大数据的特点比较

	传 统 数 据	大 数 据
数据产生方式	被动采集数据	主动生成数据
数据采集密度	采样密度较低,采样数据有限	利用大数据平台,可对需要分析事件的数据进行密度采样,精确获取事件全局数据
数据源	数据源获取较为孤立,不同数据之间添加的数据整合难度较大	利用大数据技术,通过分布式技术、分布式文件系统、分布式数据库等技术对多个数据源获取的数据进行整合处理
数据处理方式	大多采用离线处理方式,对生成的数据集中分析处理,不对实时产生的数据进行分析	较大的数据源、响应时间要求低的应用可以采取批处理方式集中计算;响应时间要求高的实时数据处理采用流处理的方式进行实时计算,并通过对历史数据的分析进行预测分析

1.1.5 大数据的处理流程

大数据的处理流程可以定义为在适合工具的辅助下,对不同结构的数据源进行汲取和集成,并将结果按照一定的标准统一存储,再利用合适的数据分析技术对其进行分析,最后从中提取有益的知识并利用恰当的方式将结果展示给终端前的用户。大数据处理的基本流程如图 1-3 所示。

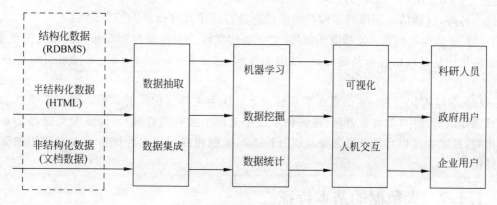

图 1-3 大数据处理的基本流程

1. 数据汲取与集成

由于大数据处理的数据来源类型广泛,而其第一步是对数据进行抽取和集成,从中找出关系和实体,经过关联、聚合等操作,再按照统一的格式对数据进行存储。现有的数据汲取和集成引擎有3种:基于物化或 ETL 方法的引擎、基于中间件的引擎、基于数据流方法的引擎。

2. 大数据分析

大数据分析是研究大型数据集的过程,其中包含各种各样的数据类型。大数据能够揭示隐藏的信息模式、未知事物的相关性、市场趋势、客户偏好和其他有用的商业信息,其分析结果可用于更有效的市场营销、得到新的收入机会、更好的客户服务、提高运营效率、竞争优势和其他商业利益。大数据分析是大数据处理流程的核心步骤,通过汲取和集成环节,从不同结构的数据源中获得用于大数据处理的原始数据,用户根据需求对数据进行分析处理,如数据挖掘、机器学习、数据统计,数据分析可以用于决策支持、商业智能、推荐系统、预测系统等。

3. 数据可视化

数据可视化主要是指借助于图形化手段,清晰有效地传达与沟通信息。数据可视化技术的基本思想是将数据库中每一个数据项作为单个图元元素表示,大量的数据集合构成数据图像,同时将数据的各个属性值以多维数据的形式表示,可以从不同的维度观察数据,从而对数据进行更深入的观察和分析。而使用可视化技术可以将处理结果通过图形方式直观地呈现给用户,如标签云、历史流、空间信息等;人机交互技术可以引导用户对数据进行逐步分析,参与并理解数据分析结果。

1.1.6 大数据的数据格式

从 IT 角度来看,信息结构类型大致经历了3个阶段。必须注意的是,旧的阶段仍在不断地发展,如关系数据库的使用。因此3种数据结构类型一直存在,只是在不同阶段,其中一种结构类型主导其他结构。

(1) 结构化信息:这种信息可以在关系数据库中找到,多年来一直主导着 IT 应用,是关键任务 OLTP(On-Line Transaction Processing,联机事物处理系统)系统业务所依赖的信息。另外,这种信息还可对结构数据库信息进行排序和查询。

(2) 半结构化信息:包括电子邮件、文字处理文件及大量保存和发布在网络上的信息。半结构化信息是以内容为基础的,可以用于搜索,这也是 Google(谷歌)等搜索引擎存在的理由。

(3) 非结构化信息:该信息在本质形式上可认为主要是位映射数据。数据必须处于一种可感知的形式中(如可在音频、视频和多媒体文件中被听或看到)。许多大数据都是非结构化的,其庞大规模和复杂性需要高级分析工具来创建或利用一种更易于人们感知和交互的结构。

1.1.7 大数据的基本特征

从各种各样类型的数据中,快速地获得有价值信息的能力就是大数据技术。

大数据呈现出"4V1O"的特征,具体如下。

(1) 数据量大(Volume):这是大数据的首要特征,包括采集、存储和计算的数据量非常大。大数据的起始计量单位至少是100TB。通过各种设备产生的海量数据,其数据规模极为庞大,远大于目前互联网上的信息流量,PB级别将是常态。

(2) 多样化(Variety):表示大数据种类和来源多样化,具体表现为网络日志、音频、视频、图片、地理位置信息等多类型的数据,多样化对数据的处理能力提出了更高的要求,编码方式、数据格式、应用特征等多个方面都存在差异性,多信息源并发形成大量的异构数据。

(3) 数据价值密度化(Value):表示大数据价值密度相对较低,需要很多的过程才能挖掘出来。随着互联网和物联网的广泛应用,信息感知无处不在,信息量大,但价值密度较低,因此如何结合业务逻辑并通过强大的机器算法挖掘数据价值是大数据时代最需要解决的问题。

(4) 速度快,时效高(Velocity):随着互联网的发展,数据的增长速度非常快,处理速度也较快,时效性要求也更高。例如,搜索引擎要求几分钟前的新闻能够被用户查询到,个性化推荐算法要求实时完成推荐,这些都是大数据区别于传统数据挖掘的显著特征。

(5) 数据是在线的(On-Line):表示数据必须随时能调用和计算,这是大数据区别于传统数据的最大特征。现在谈到的大数据不仅大,更重要的是数据是在线的,这是互联网高速发展的特点和趋势。例如,好大夫在线,患者的数据和医生的数据都是实时在线的,这样的数据才有意义。如果把它们放在磁盘中或者是离线的,显然这些数据远远不及在线的商业价值大。

总之,无所遁形的大数据时代已经到来,并快速地渗透到每个职能领域,如何借助大数据持续创新发展,使企业成功转型,具有非凡的意义。

1.1.8 大数据的应用领域

大数据在社会生活的各个领域得到了广泛的应用,如科学计算、金融、社交网络、移动数据、物联网、医疗、网页数据、多媒体、网络日志、RFID(Radio Frequency identification Devices,无线射频识别)传感器、社会数据、互联网文本和文件、互联网搜索索引、呼叫详细记录、天文学、大气科学、基因组学、生物和其他复杂或跨学科的科研、军事侦察、医疗记录、摄影档案馆视频档案、大规模的电子商务等。不同领域的大数据应用具有不同特点,其响应时间、稳定性、精确性的要求各不相同,解决方案也层出不穷,其中最具代表性的有Information Cloud解决方案、IBM战略、Microsoft战略、京东框架结构等,将在后续章节中讨论。

1.2 大数据的技术架构

各种各样的大数据应用迫切需要新的工具和技术来存储、管理和实现商业价值,新的工具、流程和方法支撑起了新的技术架构,使企业能够建立、操作和管理这些超大规模的数据集和数据存储环境。

大数据的分析能以新视角挖掘企业传统数据,并带来传统上未曾分析过的数据洞察力。

大数据一般采用 4 层堆栈技术架构，如图 1-4 所示。

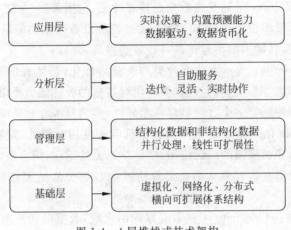

图 1-4　4 层堆栈式技术架构

1. 基础层

第一层作为整个大数据技术架构基础的最底层，也是基础层。要实现大数据规模的应用，企业需要一个高度自动化的、可横向扩展的存储和计算平台，这个基础设施需要从以前的存储孤岛发展为具有共享能力的高容量存储池，容量、性能和吞吐量必须可以线性扩展。

2. 管理层

大数据要支持在多源数据上做深层次的分析，在技术架构中需要一个管理平台，即管理层使结构化和非结构化数据管理为一体，具备实时传送和查询、计算功能。本层既包括数据的存储和管理，也涉及数据的计算。并行化和分布式是大数据管理平台所必须考虑的要素。

3. 分析层

大数据应用需要大数据分析。分析层提供基于统计学的数据挖掘和机器学习算法，用于分析和解释数据集，帮助企业获得深入的数据价值领悟。可扩展性强、使用灵活的大数据分析平台更可成为数据科学家的利器，起到事半功倍的效果。

4. 应用层

大数据的价值体现在帮助企业进行决策和为终端用户提供服务的应用，不同的新型商业需求驱动了大数据的应用。反之，大数据应用为企业提供的竞争优势使企业更加重视大数据的价值。新型大数据应用不断地对大数据技术提出新的要求，大数据技术也因此在不断的发展变化中日趋成熟。

1.3　大数据的整体技术

大数据需要特殊的技术，以有效地处理在允许时间范围内的大量数据。适用于大数据的技术，包括大规模并行处理（Massively Parallel Processing，MPP）数据库、数据挖掘电网、分布式文件系统、分布式数据库、云计算平台、互联网和可扩展的存储系统。

大数据的整体技术一般包括数据采集、数据存取、基础架构、数据处理、统计分析、数据挖掘、模型预测和结果呈现等，它是传统方法和新的解决途径的完美结合。

（1）数据采集：将分布的、异构数据源中的数据如关系数据、平面数据文件等抽取到临时中间层后进行清洗、转换、集成，最后加载到数据仓库或数据集市中，成为联机分析处理、数据挖掘的基础。

（2）数据存取：包括关系数据库、NoSQL、SQL等。

（3）基础架构：包括云存储、分布式文件存储等。

（4）数据处理：主要指自然语言处理（Natural Language Processing，NLP），它是研究人与计算机交互的语言问题的一门学科。

（5）统计分析：包括假设检验、显著性检验、差异分析、相关分析、T检验、方差分析、卡方分析、偏相关分析、距离分析、回归分析、简单回归分析、多元回归分析、逐步回归、回归预测与残差分析、岭回归、Logistic回归分析、曲线估计、因子分析、聚类分析、主成分分析、因子分析、快速聚类法与聚类法、判别分析、对应分析、多元对应分析（最优尺度分析）、Bootstrap技术等。

（6）数据挖掘：相对传统的数据挖掘，大数据挖掘需要挑战一些新技术，譬如通过分布式计算，内存计算和列存储等技术来处理大数据量情况的计算。前端展示分析和挖掘过程类似，唯一不同的是后台的高性能计算能力。

（7）模型预测：包括预测模型、机器学习、建模仿真等。

（8）结果呈现：包括云计算、标签云、关系图等。

1.4　大数据分析的4种典型工具简介

大数据分析是在研究大量的数据的过程中寻找模式、相关性和其他有用的信息，以帮助企业更好地适应变化，并做出更明智的决策。

1. Hadoop

Hadoop是一个能够对大量数据进行分布式处理的软件框架，是一个能够让用户轻松架构和使用的分布式计算平台。用户可以轻松地在Hadoop上开发和运行处理海量数据的应用程序。

Hadoop带有用Java语言编写的框架，因此运行在Linux平台上是非常理想的。Hadoop上的应用程序也可以使用其他语言编写，如C++。

2. Spark

Spark是一个基于内存计算的开源集群计算系统，目的是更快速地进行数据分析。Spark是由加州伯克利大学AMP实验室Matei为主的小团队使用Scala开发的，其核心部分的代码只有63个Scala文件，非常轻量级。Spark提供了与Hadoop相似的开源集群计算环境，但基于内存和迭代优化的设计，Spark在某些工作负载表现更优秀。

3. Storm

Storm是一种开源软件，一个分布式、容错的实时计算系统。Storm可以非常可靠地处理庞大的数据流，用于处理Hadoop的批量数据。Storm很简单，支持许多种编程语言，使用起来非常有趣。Storm 由 Twitter 开源而来，其他知名的应用企业包括 Groupon、淘宝、支付宝、阿里巴巴、乐元素、Admaster 等。

4. Apache Drill

为了帮助企业用户寻找更为有效、加快 Hadoop 数据查询的方法，Apache 软件基金会发起了一项名为 Drill 的开源项目。

Drill 项目其实也是从 Google 的 Dremel 项目中获得灵感的，该项目帮助 Google 实现海量数据集的分析处理，包括分析抓取 Web 文档、跟踪安装在 Android Market 上的应用程序数据、分析垃圾邮件、分析 Google 分布式构建系统上的测试结果等。

通过开发 Apache Drill 开源项目，组织机构将有望建立 Drill 所属的 API 接口和灵活强大的体系架构，从而帮助支持广泛的数据源、数据格式和查询语言。

1.5　大数据未来发展趋势

大数据逐渐地成为人们生活的一部分，它既是一种资源，又是一种工具，让人们更好地探索世界和认识世界。大数据提供的并不是最终答案，只是参考答案，它为人们提供的是暂时帮助，以便等待更好的方法和答案出现。

1.5.1　数据资源化

资源化是指大数据成为企业和社会关注的重要战略资源，并已成为大家争抢的新焦点，数据将逐渐地成为最有价值的资产。

随着大数据应用的发展，大数据资源成为重要的战略资源，数据成为新的战略制高点。资源不仅指看得见、摸得着的实体，如煤、石油、矿产等，大数据也已演变成不可或缺的资源。《华尔街日报》在题为"大数据，大影响"的报告中提到，数据就像货币或者黄金一样，已经成为一种新的资产类别。

大数据作为一种新的资源，具有其他资源所不具备的优点，如数据的再利用、开放性、可扩展性和潜在价值。数据的价值不会随着它的使用而减少，而是可以不断地被处理和利用。

1.5.2　数据科学和数据联盟的成立

1. 催生新的学科和行业

数据科学将成为一门专门的学科，被越来越多的人所认知。越来越多的高校开设了与大数据相关的学科课程，为市场和企业培养人才。

一个新行业的出现，必然会增加工作职位的需求，大数据催生了一批与之相关的新的就业岗位，例如，大数据分析师、大数据算法工程师、数据产品经理、数据管理专家等，因此，具有丰富经验的大数据相关人才将成为稀缺资源。

2. 数据共享

大数据相关技术的发展将会创造出一些新的细分市场，针对不同的行业将会出现不同的分析技术。但是对于大数据来说,数据的多少虽然不意味着价值更高,但是数据越多对一个行业的分析价值越有利。

以医疗行业为例,如果每个医院想要获得更多病情特征库及药效信息,就需要对数据进行分析,这样经过分析之后就能从数据中获得相应的价值。如果想获得更多的价值,就需要对全国甚至全世界的医疗信息进行共享。只有这样才能通过对整个医疗平台的数据进行分析,获取更准确、更有利的价值。因此,数据可能成为一种共享的趋势。

1.5.3 大数据隐私和安全问题

1. 大数据引发个人隐私、企业和国家安全问题

大数据时代将引发个人隐私安全问题。在大数据时代,用户的个人隐私数据可能在不经意间就被泄露。例如,网站密码泄露、系统漏洞导致用户资料被盗、手机里的 APP 暴露用户的个人信息等。在大数据领域,一些用户认为根本不重要的信息很有可能暴露用户的近期状况,带来安全隐患。

大数据时代,企业将面临信息安全的挑战。企业不仅要学习如何挖掘数据价值,还要考虑如何应对网络攻击、数据泄露等安全风险,并且建立相关的预案。在企业用数据挖掘和数据分析获取商业价值的同时,黑客也利用这些数据技术向企业发起攻击。因此,企业必须制定相应的策略来应对大数据带来的信息安全挑战。

大数据时代应该将大数据安全上升为国家安全。数据安全的威胁无处不在,国家的基础设施和重要机构所保存的大数据信息,如与石油、天然气管道、水电、交通、军事等相关的数据信息,都有可能成为黑客攻击的目标。

2. 正确合理利用大数据,促进大数据产业的健康发展

大数据时代,必须对数据安全和隐私进行有效的保护,具体方法如下。

(1) 从用户的角度,积极探索,加大个人隐私保护力度。数据来源于互联网上无数用户产生的数据信息,因此,建议用户在运用互联网或者 APP 时保持高度警惕。

(2) 从法律的角度,提高安全意识,及时地出台相关政策,制定相关政策法规,完善立法。国家需要有专门的法规来为大数据的发展扫除障碍,必须健全大数据隐私和安全方面的法律法规。

(3) 从数据使用者角度,数据使用者要以负责的态度使用数据,需要把进行隐私保护的责任从个人转移到数据使用者身上。政府和企业的信息化建设必须拥有统一的规划和标准,只有这样才能有效地保护公民和企业隐私。

(4) 从技术角度,加快数据安全技术研发,尤其应加强云计算安全研究,保障云安全。

1.5.4 开源软件成为推动大数据发展的动力

大数据获得动力的关键在于开放源代码,帮助分解和分析数据。开源软件的盛行不会抑制商业软件的发展。相反,开源软件将会给基础架构硬件、应用程序开发工具、应用服务等各个方面相关领域带来更多的机会。

从技术的潮流来看,无论是大数据还是云计算,其实推动技术发展的主要力量都来源于开源软件。使用开源软件有诸多的优势,之所以这么说,是因为开源的代码很多人在看、在

维护、在检查,了解开源软件和开源模式,将成为一个重要的趋势。

1.5.5 大数据在多方位改善人们的生活

大数据作为一种重要的战略资产,已经不同程度地渗透到每个行业领域和部门。现在,通过大数据的力量,用户希望掌握真正的便捷信息,从而让生活更有趣。

例如,在医疗卫生行业,能够利用大数据避免过度治疗、减少错误治疗和重复治疗,从而降低系统成本,提高工作效率,改进和提升治疗质量;在健康方面,人们可以利用智能手环来对睡眠模式进行检测和追踪,用智能血压计来监控老人的身体状况;在交通方面,人们可以通过智能导航 GPS 数据来了解交通状况,并根据交通拥挤情况及时地调整路径。同时,大数据也将成为智能家居的核心。

大数据也将促进智慧城市的发展,是智慧城市的核心引擎,智慧医疗、智慧交通、智慧安防等都是以大数据为基础的智慧城市的应用领域,大数据将多方位改善我们的生活。

本章小结

近年来大数据应用带来了令人瞩目的成绩。作为新的重要资源,世界各国都在加快大数据的战略布局,制定战略规划。

目前我国大数据产业还处于发展初期,市场规模仍然比较小,2012 年仅为 4.5 亿元,而且主导厂商仍以外企居多。据估计,2016 年我国大数据应用的整体市场规模将突破百亿元量级,未来将形成全球最大的大数据产业带。

总而言之,大数据技术的发展必将解开宇宙起源的奥秘和对人类社会未来发展的趋势有推动作用。

习题 1

一、填空题

1. 大数据的首要特征是指数据量大,起始计量单位至少是＿＿＿＿＿＿,＿＿＿＿＿＿级别将是常态。

2. 大数据的数据结构特征包括＿＿＿＿＿＿。

3. 大数据的数据来源非常多,主要有＿＿＿＿＿＿。

4. 自从数据库技术诞生以来,生产数据的 3 个主要方式分别是＿＿＿＿＿＿。

5. 大数据的特点可以概括为 4 个方面:＿＿＿＿＿＿。

6. 大数据处理的最基本流程可概括为 3 个阶段是＿＿＿＿＿＿。

7. 大数据呈现出的"4V1O"特征是＿＿＿＿＿＿。

8. 大数据的 4 层堆栈式技术架构中的 4 层是＿＿＿＿＿＿。

9. 大数据处理整体技术一般包括＿＿＿＿＿＿。

10. 大数据处理分析的 4 种典型工具是＿＿＿＿＿＿。

二、简答题

1. 简述大数据的特点。

2. 简述大数据的应用领域(5个以上)。

3. 简述大数据技术架构。

4. 简述大数据在医疗上的五大应用领域。

第 **2** 章

大数据采集及预处理

 **导学**

内容与要求

本章主要介绍大数据中数据采集的概念、数据来源和技术方法、大数据预处理的方法，以及数据采集及预处理的几种工具。

"数据采集简介"一节中要理解数据采集的基本概念，掌握数据采集的数据来源，了解数据采集的技术方法。

"大数据的预处理"一节中需了解数据预处理的方法，包括数据清洗、数据集成、数据变换和数据规约。

"大数据采集及预处理的主要工具"一节中需要了解常用工具，包括 Flume、Logstash、Kibana 和 Ceilometer 等。

重点、难点

本章的重点是数据采集的概念、数据来源和技术方法，难点是数据预处理的方法。

相对传统的数据采集，大数据采集需要挑战一些新技术，譬如通过分布式计算，内存计算和列存储等技术来处理大数据量情况的计算。前端展示分析和挖掘过程类似，唯一不同的是后台的高性能计算能力。目前开源的以 Hadoop 为代表的 RHadoop 之类的大数据分析工具，商业分析工具比如 IBM、Oracle 和 SAP 等公司的大数据分析工具，或者国内的一些公司大数据分析工具。

大数据环境下，数据的来源、种类非常多，其中对数据存储和处理的需求量大，数据表达的要求高,因此数据处理的高效性与可用性非常重要。为此必须在数据的源头即数据采集上把好关,其中数据源的选择和原始数据的采集方法是大数据采集的关键。本章将着重介绍大数据的采集和预处理。

2.1　数据采集简介

2.1.1　数据采集

大数据的数据采集是在确定用户目标的基础上,针对该范围内所有结构化、半结构化和非结构化的数据的采集,采集后对这些数据进行处理,从中分析和挖掘出有价值的信息。在大数据的采集过程中,其主要特点和面临的挑战是成千上万的用户同时进行访问和操作而引起的高并发数。如12306火车票售票网站在2015年春运火车票售卖的最高峰时,网站访问量(PV值)在一天之内达到破纪录的297亿次。

在专家指导下,利用高性能计算体系结构,进行的成指数增长的数据采集,是一个不断增长的分析所谓大数据的过程。高性能的数据采集和数据分析,提供具有高性能计算的最新趋势,即全面可视化图形体系结构。主要包括大数据和高性能计算分析、大规模并行处理数据库、内存分析、实现大数据平台的机器学习算法、文本分析、分析环境、分析生命周期和一般应用,以及各种不同的情况。

大数据出现之前,计算机所能够处理的数据都需要前期进行相应的结构化处理,并存储在相应的数据库中。但大数据技术对于数据的结构要求大大地降低,互联网上人们留下的社交信息、地理位置信息、行为习惯信息、偏好信息等各种维度的信息都可以实时处理,传统的数据采集与大数据的数据采集对比,如表2-1所示。

表2-1　传统的数据采集与大数据的数据采集对比

	传统的数据采集	大数据的数据采集
数据来源	来源单一,数据量相对大数据较小	来源广泛,数据量巨大
数据类型	结构单一	数据类型丰富,包括结构化、半结构化、非结构化
数据处理	关系型数据库和并行数据仓库	分布式数据库

2.1.2　数据采集的数据来源

按照数据来源划分,大数据的三大主要来源为商业数据、互联网数据与物联网数据。其中,商业数据来自于企业ERP系统、各种POS终端及网上支付系统等业务系统;互联网数据来自于通信记录及QQ、微信、微博等社交媒体;物联网数据来自于射频识别装置、全球定位设备、传感器设备、视频监控设备等。

1. 商业数据

商业数据是指来自于企业ERP(Enterprise Resource Planning,企业资源计划)系统、各种POS(Point Of Sale)终端及网上支付系统等业务系统的数据,是现在最主要的数据来源渠道。

世界上最大的零售商沃尔玛每小时收集到2.5PB数据,存储的数据量是美国国会图书馆的167倍。沃尔玛详细记录了消费者的购买清单、消费额、购买日期、购买当天天气和气温,通过对消费者的购物行为等非结构化数据进行分析,发现商品关联,并优化商品陈列。沃尔玛不仅采集这些传统商业数据,还将数据采集的触角伸入到了社交网络数据。当用户在Facebook和Twitter谈论某些产品或者表达某些喜好时,这些数据都会被沃尔玛记录下来并加以利用。

2. 互联网数据

互联网数据是指网络空间交互过程中产生的大量数据,包括通信记录及QQ、微信、微博等社交媒体产生的数据,其数据复杂且难以被利用。例如,社交网络数据所记录的大部分是用户的当前状态信息,同时还记录着用户的年龄、性别、所在地、教育、职业和兴趣等。

互联网数据具有大量化、多样化、快速化等特点。

(1)大量化:在信息化时代背景下网络空间数据增长迅猛,数据集合规模已实现从GB到PB的飞跃,互联网数据则需要通过ZB表示。在未来互联网数据的发展中还将实现近50倍的增长,服务器数量也将随之增长,以满足大数据存储。

(2)多样化:互联网数据的类型多样化,例如,结构化数据、半结构化数据和非结构化数据。互联网数据中的非结构化数据正在飞速地增长,据相关调查统计,在2012年底非结构化数据在网络数据总量中占77%左右,非结构化数据的产生与社交网络以及传感器技术的发展有着直接联系。

(3)快速化:互联网数据一般情况下以数据流形式快速产生,且具有动态变化性特征,其时效性要求用户必须准确掌握互联网数据流才能更好地利用这些数据。

3. 物联网数据

物联网是指在计算机互联网的基础上,利用射频识别、传感器、红外感应器、无线数据通信等技术,构造一个覆盖世界上万事万物的"The Internet of Things",也就是"实现物物相连的互联网络"。其内涵包含两个方面意思:一是物联网的核心和基础仍是互联网,是在互联网基础之上延伸和扩展的一种网络;二是其用户端延伸和扩展到了任何物品与物品之间,进行信息交换和通信。物联网的定义是:通过射频识别(Radio Frequency Identification,RFID)装置、传感器、红外感应器、全球定位系统、激光扫描器等信息传感设备,按约定的协议,把任何物品与互联网相连接,以进行信息交换和通信,从而实现智慧化识别、定位、跟踪、监控和管理的一种网络体系。

物联网数据是除了人和服务器之外,在射频识别、物品、设备、传感器等节点产生的大量数据,包括射频识别装置、音频采集器、视频采集器、传感器、全球定位设备、办公设备、家用设备和生产设备等产生的数据。物联网数据的特点主要如下。

(1)物联网中的数据量更大。物联网的最主要特征之一是节点的海量性,其数量规模远大于互联网;物联网节点的数据生成频率远高于互联网,如传感器节点多数处于全时工作状态,数据流是持续的。

(2)物联网中的数据传输速率更高。由于物联网与真实物理世界直接关联,很多情况下需要实时访问、控制相应的节点和设备,因此需要高数据传输速率来支持。

(3)物联网中的数据更加多样化。物联网涉及的应用范围广泛,包括智慧城市、智慧交通、智慧物流、商品溯源、智能家居、智慧医疗、安防监控等;在不同领域、不同行业,需要面对不同类型、不同格式的应用数据,因此物联网中数据多样性更为突出。

(4) 物联网对数据真实性的要求更高。物联网是真实物理世界与虚拟信息世界的结合,其对数据的处理以及基于此进行的决策将直接影响物理世界,物联网中数据的真实性显得尤为重要。

以智能安防应用为例,智能安防行业已从大面积监控布点转变为注重视频智能预警、分析和实战,利用大数据技术从海量的视频数据中进行规律预测、情境分析、串并侦查、时空分析等。在智能安防领域,数据的产生、存储和处理是智能安防解决方案的基础,只有采集足够有价值的安防信息,通过大数据分析以及综合研判模型,才能制定智能安防决策。

所以,在信息社会中,几乎所有行业的发展都离不开大数据的支持。

2.1.3 数据采集的技术方法

数据采集技术是信息科学的重要组成部分,已广泛地应用于国民经济和国防建设的各个领域,并且随着科学技术的发展,尤其是计算机技术的发展与普及,数据采集技术具有更广阔的发展前景。大数据的采集技术为大数据处理的关键技术之一。

1. 系统日志采集方法

很多互联网企业都有自己的海量数据采集工具,多用于系统日志采集,如 Hadoop 的 Chukwa、Cloudera 的 Flume、Facebook 的 Scribe 等。这些系统采用分布式架构,能满足每秒数百 MB 的日志数据采集和传输需求,例如,Scribe 是 Facebook 开源的日志收集系统,能够从各种日志源上收集日志,存储到一个中央存储系统(可以是 NFS、分布式文件系统等)上,以便于进行集中统计分析处理,它为日志的"分布式收集,统一处理"提供了一个可扩展的、高容错的方案。

2. 对非结构化数据的采集

非结构化数据的采集就是针对所有非结构化的数据的采集,包括企业内部数据的采集和网络数据采集等。企业内部数据的采集是对企业内部各种文档、视频、音频、邮件、图片等数据格式之间互不兼容的数据采集,具体采集方案可详见第 11 章大数据解决方案及相关案例。

网络数据采集是指通过网络爬虫或网站公开 API(Application Programming Interface,应用程序编程接口)等方式从网站上获取互联网中相关网页内容的过程,并从中抽取出用户所需要的属性内容。互联网网页数据处理,就是对抽取出来的网页数据进行内容和格式上的处理、转换和加工,使之能够适应用户的需求,并将之存储下来,供以后使用。该方法可以将非结构化数据从网页中抽取出来,将其存储为统一的本地数据文件,并以结构化的方式存储。它支持图片、音频、视频等文件或附件的采集,附件与正文可以自动关联。除了网络中包含的内容之外,对于网络流量的采集可以使用 DPI(Deep Packet Inspection,深度包检测)或 DFI(Deep/Dynamic Flow Inspection,深度/动态流检测)等带宽管理技术进行处理。

网络爬虫是一种按照一定的规则自动地抓取万维网信息的程序或者脚本,它是一个自动提取网页的程序,为搜索引擎从万维网上下载网页,是搜索引擎的重要组成。

目前网络数据采集的关键技术为链接过滤,其实质是判断一个链接(当前链接)是不是在一个链接集合(已经抓取过的链接)里。在对网页大数据的采集中,可以采用布隆过滤器

（Bloom Filter）来实现对链接的过滤。

3．其他数据采集方法

对于企业生产经营数据或学科研究数据等保密性要求较高的数据，可以通过与企业或研究机构合作，使用特定系统接口等相关方式采集数据。

尽管大数据技术层面的应用可以无限广阔，但由于受到数据采集的限制，能够用于商业应用、服务于人们的数据要远远小于理论上大数据能够采集和处理的数据。因此，解决大数据的隐私问题是数据采集技术的重要目标之一。现阶段的医疗机构数据更多来源于内部，外部的数据没有得到很好的应用。对于外部数据，医疗机构可以考虑借助如百度、阿里、腾讯等第三方数据平台解决数据采集难题。

2.2 大数据的预处理

要对海量数据进行有效的分析，应该将这些来自前端的数据导入一个集中的大型分布式数据库，或者分布式存储集群，并且可以在导入基础上做一些简单的清洗和预处理工作。导入与预处理过程的特点和挑战主要是导入的数据量大，通常用户每秒钟的导入量会达到百兆，甚至千兆级别。

根据大数据的多样性，决定了经过多种渠道获取的数据种类和数据结构都非常复杂，这就给之后的数据分析和处理带来了极大的困难。通过大数据的预处理这一步骤，将这些结构复杂的数据转换为单一的或便于处理的结构，为以后的数据分析打下良好的基础。由于所采集的数据里并不是所有的信息都是必需的，而是掺杂了很多噪声和干扰项，因此还需要对这些数据进行"去噪"和"清洗"，以保证数据的质量和可靠性。常用的方法是在数据处理的过程中设计一些数据过滤器，通过聚类或关联分析的规则方法将无用或错误的离群数据挑出来过滤掉，防止其对最终数据结果产生不利的影响，然后将这些整理好的数据进行集成和存储。现在一般的解决方法是针对特定种类的数据信息分门别类的放置，可以有效地减少数据查询和访问的时间，提高数据提取速度。大数据处理流程如图 2-1 所示。

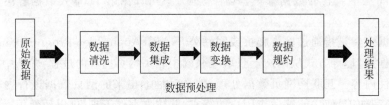

图 2-1　大数据处理流程

大数据预处理的方法主要包括数据清洗、数据集成、数据变换和数据规约。

1．数据清洗

数据清洗是在汇聚多个维度、多个来源、多种结构的数据之后，对数据进行抽取、转换和集成加载。在这个过程中，除了更正、修复系统中的一些错误数据之外，更多的是对数据进行归并整理，并储存到新的存储介质中。

常见的数据质量问题可以根据数据源的多少和所属层次分为 4 类。

(1) 单数据源定义层：违背字段约束条件(日期出现 1 月 0 日)、字段属性依赖冲突(两条记录描述同一个人的某一个属性,但数值不一致)、违反唯一性(同一个主键 ID 出现了多次)。

(2) 单数据源实例层：单个属性值含有过多信息、拼写错误、空白值、噪音数据、数据重复、过时数据等。

(3) 多数据源定义层：同一个实体的不同称呼(笔名和真名)、同一种属性的不同定义(字段长度定义不一致、字段类型不一致等)。

(4) 多数据源实例层：数据的维度、粒度不一致(有的按 GB 记录存储量,有的按 TB 记录存储量;有的按照年度统计,有的按照月份统计)、数据重复、拼写错误。

此外,还有在数据处理过程中产生的"二次数据",包括数据噪声、数据重复或错误的情况。数据的调整和清洗涉及到格式、测量单位和数据标准化与归一化。数据不确定性有两方面含义,数据自身的不确定性和数据属性值的不确定性。前者可用概率描述,后者有多重描述方式,如描述属性值的概率密度函数、以方差为代表的统计值等。

大数据的清洗工具主要有 DataWrangler 和 Google Refine 等。DataWrangle 是一款由斯坦福大学开发的在线数据清洗、数据重组软件,主要用于去除无效数据,将数据整理成用户需要的格式等。Google Refine 设有内置算法,可以发现一些拼写不一样但实际上应分为一组的文本;除了数据管家功能,Google Refine 还提供了一些有用的分析工具,例如,排序和筛选。

2. 数据集成

在大数据领域中,数据集成技术也是实现大数据方案的关键组件。大数据集成是将大量不同类型的数据原封不动的保存在原地,而将处理过程适当的分配给这些数据。这是一个并行处理的过程,当在这些分布式数据上执行请求后,需要整合并返回结果。

大数据集成,狭义上讲是指如何合并规整数据;广义上讲数据的存储、移动、处理等与数据管理有关的活动都称为数据集成。大数据集成一般需要将处理过程分布到源数据上进行并行处理,并仅对结果进行集成。因为,如果预先对数据进行合并会消耗大量的处理时间和存储空间。集成结构化、半结构化和非结构化的数据时需要在数据之间建立共同的信息联系,这些信息可以表示为数据库中的主数据或者键值、非结构化数据中的元数据标签或者其他内嵌内容。

目前,数据集成已被推至信息化战略规划的首要位置。要实现数据集成的应用,不光要考虑集成的数据范围,还要从长远发展角度考虑数据集成的架构、能力和技术等方面内容。

3. 数据变换

数据变换是将数据转换成适合挖掘的形式。数据变换是采用线性或非线性的数学变换方法将多维数据压缩成较少维数的数据,消除它们在时间、空间、属性及精度等特征表现方面的差异。

4. 数据规约

数据规约是从数据库或数据仓库中选取并建立使用者感兴趣的数据集合,然后从数据集合中滤掉一些无关、偏差或重复的数据。

2.3 大数据采集及预处理的主要工具

本节主要介绍大数据采集及预处理时的一些主要工具。随着国内大数据战略越来越清晰,数据抓取和信息采集产品迎来了巨大的发展机遇,采集产品数量也出现迅猛的增长。然而与产品种类快速增长相反的是,信息采集技术相对薄弱、市场竞争激烈、质量良莠不齐。在此,本节列出当前信息采集和数据抓取的一些主流产品。

1. Flume

Flume 是 Cloudera 提供的一个高可用的、高可靠的、分布式的海量日志采集、聚合和传输的系统。Flume 支持在日志系统中定制各类数据发送方,用于收集数据;同时,Flume 提供对数据进行简单处理,具有写到各种数据接受方(可定制)的能力。

Flume 提供了从 Console(控制台)、RPC(Thrift-RPC)、Text(文件)、Tail(UNIX Tail)、Syslog(Syslog 日志系统,支持 TCP 和 UDP2 种模式)、Exec(命令执行)等数据源上收集数据的能力。

官网网址为 http://flume.apache.org/,如图 2-2 所示。

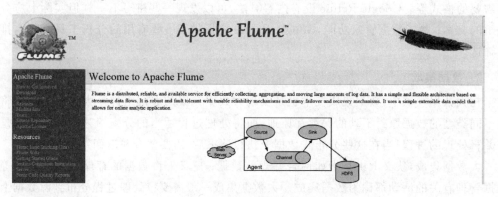

图 2-2   Flume 官网首页

2. Logstash

Logstash 是一个应用程序日志、事件的传输、处理、管理和搜索的平台,可以用它来统一对应用程序日志进行收集管理,提供 Web 接口用于查询和统计。它可以对日志进行收集、分析,并将其存储供以后使用(如搜索),Logstash 带有一个 Web 界面,搜索和展示所有日志。

官网网址为 http://www.logstash.net/,如图 2-3 所示。

3. Kibana

Kibana 是一个为 Logstash 和 ElasticSearch 提供的日志分析的 Web 接口,可使用它对日志进行高效的搜索、可视化、分析等各种操作。Kibana 也是一个开源和免费的工具,它可以汇总、分析和搜索重要数据日志并提供友好的 Web 界面,可以为 Logstash 和 ElasticSearch 提供的日志分析的 Web 界面。

官网网址为 http://kibana.org/,如图 2-4 所示。

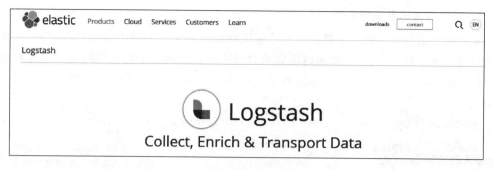

图 2-3　Logstash 官网首页

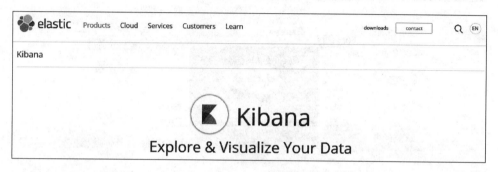

图 2-4　Kibana 官网首页

4. Ceilometer

Ceilometer 主要负责监控数据的采集,是 OpenStack 中的一个子项目,它像一个漏斗一样,能把 OpenStack 内部发生的几乎所有的事件都收集起来,然后为计费和监控以及其他服务提供数据支撑。

官网网址为 http://docs.openstack.org/,如图 2-5 所示。

图 2-5　OpenStack 官网首页

5. 乐思网络信息采集系统

乐思网络信息采系统的主要目标就是解决网络信息采集和网络数据抓取问题,它是根据用户自定义的任务配置,批量而精确地抽取因特网目标网页中的半结构化与非结构化数据,转化为结构化的记录,保存在本地数据库中,用于内部使用或外网发布,快速实现外部信息的获取。

官网网址为 http://www.knowlesys.cn/index.html,如图 2-6 所示。

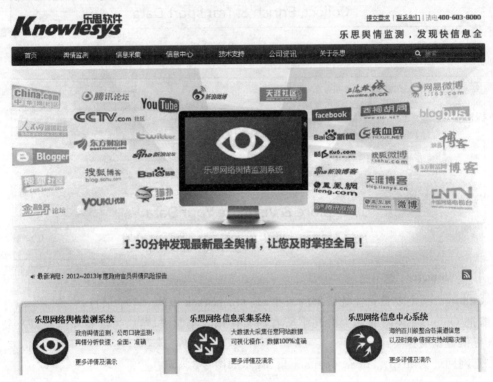

图 2-6　乐思网络信息采集系统官网首页

6. 火车采集器

火车采集器是一款专业的网络数据采集/信息处理软件,通过灵活的配置,可以很轻松迅速地从网页上抓取结构化的文本、图片、文件等资源信息,可编辑筛选处理后选择发布到网站后台,各类文件或其他数据库系统中。火车采集器被广泛地应用于数据采集挖掘、垂直搜索、信息汇聚和门户、企业网信息汇聚、商业情报、论坛或博客迁移、智能信息代理、个人信息检索等领域,适用于各类对数据有采集挖掘需求的群体。

官网网址为 http://www.locoy.com/,如图 2-7 所示。

7. 网络矿工

网络矿工数据采集软件是一款集互联网数据采集、清洗、存储、发布为一体的工具软件。它具有高效的采集性能,从网络获取最小的数据,从中提取需要的内容,优化核心匹配算法,存储最终的数据。网络矿工可按照用户数量授权,不绑定计算机,可随时切换计算机。

官网网址为 http://www.minerspider.com/,如图 2-8 所示。

图 2-7 火车采集器官网首页

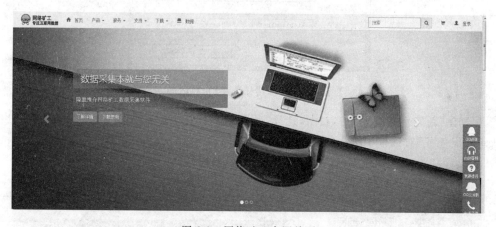

图 2-8 网络矿工官网首页

以上各采集工具均可进入官方网站下载免费版或试用版,或者根据用户需求购买专业版,以及跟在线客服人员提出采集需求,采用付费方式由专业人员提供技术支持。下面以网络矿工举例,操作步骤如下。

(1)进入网络矿工官方网站,下载免费版,本例下载的是 sominer v5.33(通常免费版有试用期限,一般为 30 天)。网络矿工的运行需要.Net Framework 2.0 环境,建议使用Firefox 浏览器。

(2)下载的压缩文件内包含多个可执行程序,其中 SoukeyNetget.exe 为网络矿工采集软件,运行此文件即可打开网络矿工,操作界面如图 2-9 所示。

(3)单击"新建采集任务分类"项,在弹出的"新建任务类别"对话框中输入类别名称,并保存存储路径,如图 2-10 所示。

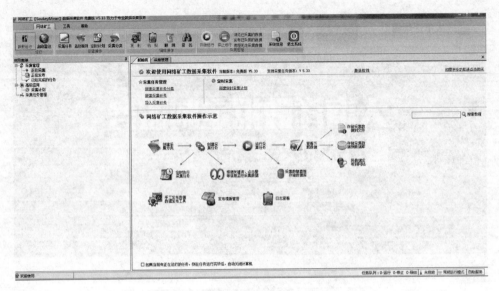

图 2-9 网络矿工采集器操作界面

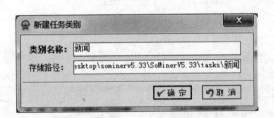

图 2-10 "新建任务类别"对话框

（4）在"新建任务管理"中，右击，选择"新建采集任务"命令，如图 2-11 所示。在弹出的"新建采集任务"对话框中输入任务名称，如图 2-12 所示。

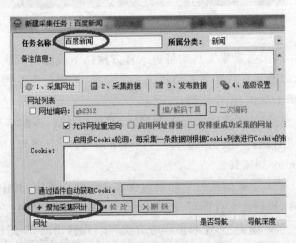

图 2-11 "新建采集任务"菜单　　　　　图 2-12 "新建采集任务"对话框

（5）在"新建采集任务"对话框中，单击"增加采集网址"按钮，在弹出的对话框中输入采集网页网址，如 http://news.baidu.com/。同时勾选"导航采集"项，并单击"增加"按钮，增加导航规则，如图 2-13 所示。

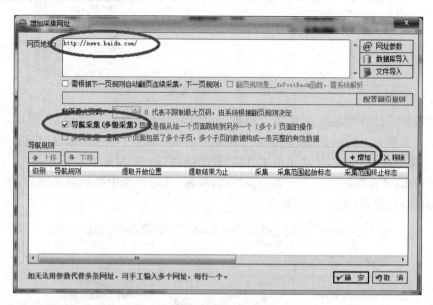

图 2-13 "增加采集网址"对话框

（6）在系统打开的"导航页规则配置"对话框中，可选"前后标记配置"、"可视化配置"等单选项，如图 2-14 所示。

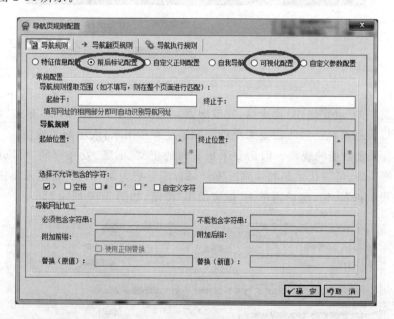

图 2-14 "导航页规则配置"对话框

（7）若在图 2-14 中选中"可视化配置"单选项，则会显示出"导航页规则配置"对话框中的"可视化配置导航规则"工作页面，如图 2-15 所示。

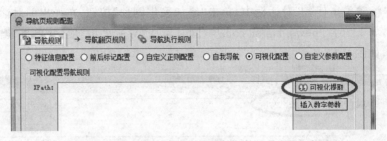

图 2-15　可视化配置

导航通常通过一个地址导航多个地址,而 XPath 获取的是一个信息,所以可以通过 XPath 插入参数到 XPath 列表,进行多个地址的采集。单击"可视化提取"按钮,则会弹出 "可视化采集器配置"页面,然后单击工具栏"开始捕获"命令,鼠标在页面滑动时,会出现一个蓝色的边框,用蓝色的边框选中第一条新闻,单击,然后再选中最后一条新闻,单击,系统会自动捕获导航规则,如图 2-16 所示。

图 2-16　可视化采集配置器

单击工具栏的"确定退出"命令后,完成配置。选中刚才配置的网址,单击"测试网址解析"按钮,可以看到系统已经将需要采集的新闻地址解析出来,表示配置成功。

(8) 配置采集数据的规则。因为要采集新闻的正文、标题、发布时间,可以用 3 种方式来完成:智能采集、可视化采集和规则配置。以智能采集为例,回到"新建采集任务"对话框中,单击"采集数据"按钮,然后再单击"配置助手"按钮,如图 2-17 所示。

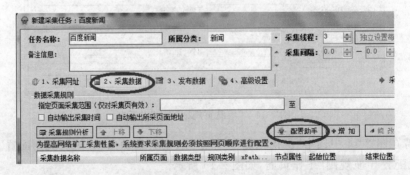

图 2-17　"采集数据"工作页面

系统弹出的"采集规则自动化配置"对话框,在地址栏中输入采集地址,同时单击"生成文章采集规则"按钮,可以看到系统已经将文章的智能规则输入到系统中,单击"测试"按钮,可以检查采集结果是否正确,如图2-18所示。单击工具栏中的"确定退出"命令,完成配置。

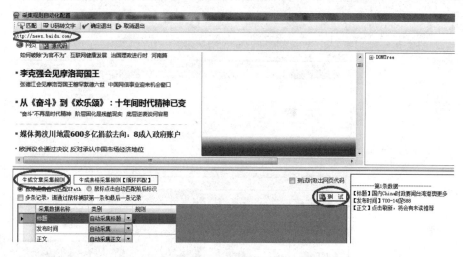

图 2-18 采集规则自动化配置

(9) 单击"应用"按钮,保存,保存测试采集规则。在返回的"新建采集任务"对话框中,单击"采集任务测试"按钮,在弹出的操作页面中单击"启动测试"按钮,如图2-19所示。

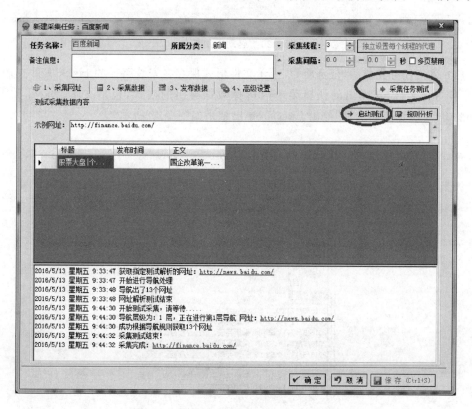

图 2-19 采集任务测试

（10）任务设置完成后，返回最初的操作界面，如图 2-20 所示。选中任务，右击"启动任务"命令，可看到下面屏幕滚动，停止后则采集任务完成。

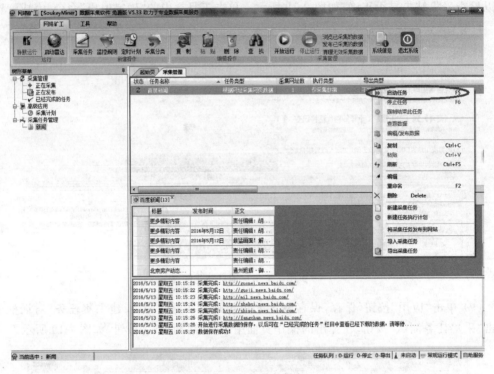

图 2-20　启动采集任务

（11）采集任务完成后，任务将以 .smt 文件形式保存在安装路径的 tasks 文件夹内。右击采集任务的名称，在弹出的快捷菜单内选择数据导出的格式，包括文本、Excel 和 Word 等，如图 2-21 所示。如选择"导出 Excel"，导出结果如图 2-22 所示。

图 2-21　数据导出格式选择

图 2-22 导出 Excel 结果

以上完成了一个简单的采集任务。以后可在"已经完成的任务"栏目中查看已经下载的数据，选中任务，右击后也可以查看、编辑和发布数据等。

本章小结

本章主要介绍了大数据的采集、大数据采集的数据来源、大数据采集的技术方法和大数据的预处理，以及大数据采集与预处理的一些工具和简单的采集任务执行范例。大数据采集后为了减少及避免后续的数据分析和数据挖掘中会出现的问题，有必要对数据进行预处理。数据的预处理主要是完成对于已经采集到的数据进行适当的处理、清洗、去噪及进一步的集成存储。

习题 2

一、填空题

1. 大数据的数据采集是在确定用户目标的基础上，针对该范围内所有结构化、_____和非结构化的数据的采集。

2. 按照数据来源划分，大数据的三大主要来源为商业数据、_____与物联网数据。

3. _____是指网络空间交互过程中产生的大量数据，包括通信记录及 QQ、微信、微博等社交媒体产生的数据。

4. 互联网数据具有大量化、多样化、_____等特点。

5. 大数据技术在数据采集方面采用的方法分为系统日志采集方法、_____和其他数据采集方法。

6._____是指在计算机互联网的基础上,利用射频识别、传感器、红外感应器、无线数据通信等技术,构造一个覆盖世界上万事万物的"The Internet of Things",也就是"实现物物相连的互联网络"。

7.网络数据采集是指通过网络爬虫或_____等方式从网站上获取互联网中相关网页内容的过程,并从中抽取出用户所需要的属性内容。

8.网络爬虫是一种按照一定的规则,自动地抓取_____的程序或者脚本。

9.大数据预处理的方法主要包括数据清洗、_____、数据变换和数据规约。

10._____是在汇聚多个维度、多个来源、多种结构的数据之后,对数据进行抽取、转换和集成加载。

二、简答题

1.简述什么是大数据的数据采集。

2.请简要对大数据的数据采集与传统的数据采集进行对比。

3.简述数据采集的数据来源。

4.简述数据采集的技术方法。

5.简述大数据预处理的方法。

第 **3** 章

大数据分析概论

 导学

内容与要求

本章主要介绍大数据分析的基本方法和流程、大数据分析的主要技术及分析系统，以及实际应用情况，使读者对大数据分析有概括性的了解和掌握。

"大数据分析简介"一节要求理解大数据分析；掌握大数据分析的基本方法及流程。

"大数据分析的主要技术"一节要求熟悉主要的大数据分析技术，并对它们的作用有所了解。

"大数据分析处理系统"一节要求掌握 4 种类型大数据的特点，了解典型分析处理系统。

"大数据分析的应用"一节要求对网络与医学大数据的分析有所了解。

重点、难点

本章重点是大数据分析的方法、流程、主要技术和典型分析系统，难点是理解大数据分析的主要技术。

大数据分析就是研究包含各种数据类型的大型数据集的过程。大数据技术可以发现隐藏的数据模式、未知数据的相关性、市场趋势、客户喜好和其他有用的商业信息，其分析结果可以带来更有效的市场营销、新的收入机会、更好的客户服务、提高运营效率、获得竞争优势和其他商业利益。

3.1 大数据分析简介

在方兴未艾的大数据时代,人们要掌握大数据分析的基本方法和分析流程,从而探索出大数据中蕴含的规律与关系,解决实际业务问题。

3.1.1 大数据分析

大数据分析是指对规模巨大的数据进行分析。通过多个学科技术的融合,实现数据的采集、管理和分析,从而发现新的知识和规律。大数据时代的数据分析首先要解决的是海量、结构多变、动态实时的数据存储与计算问题,这些问题在大数据解决方案中至关重要,决定大数据分析的最终结果。

通过美国福特公司利用大数据分析促进汽车销售的案例,可以初步认识大数据分析。分析过程如图 3-1 所示。

图 3-1 福特促进汽车销售的大数据分析流程

1. 提出问题

用大数据分析技术来提升汽车销售业绩。一般汽车销售商的普通做法是投放广告,动辄就是几百万,而且很难分清广告促销的作用到底有多大。大数据技术不一样,它可以通过对某个地区可能会影响购买汽车意愿的源数据进行收集和分析,从而获得促进销售的解决方案。

2. 大数据采集

分析团队搜索采集数据,如这个地区的房屋市场、新建住宅、库存和销售数据、就业率等;还可利用与汽车相关的网站上的数据,如客户搜索了哪些汽车、哪一种款式、汽车的价格、车型配置、汽车功能、汽车颜色等;再有获取第三方合同网站、区域经济数据等。

3. 大数据分析

对采集的数据进行分析挖掘,为销售提供精准可靠的分析结果,即提供多种可能的促销分析方案。

4. 大数据可视化

根据数据分析结果实施有针对性的促销计划,如在需求量旺盛的地方有专门的促销计划,哪个地区的消费者对某款汽车感兴趣,相应广告就送到其电子邮箱和地区的报纸上,非常精准,只需要较少费用。

5. 效果评估

跟传统的广告促销相比,通过大数据的创新营销,福特公司花了很少的钱,做了大数据分析产品,也可叫大数据促销模型,大幅度地提高了汽车的销售业绩。

3.1.2 大数据分析的基本方法

大数据分析可以分为以下 5 种基本方法。

1. 预测性分析

大数据分析最普遍的应用就是预测性分析,从大数据中挖掘出有价值的知识和规则,通过科学建模的手段呈现出结果,然后可以将新的数据带入模型,从而预测未来的情况。

例如,麻省理工学院的研究者创建了一个计算机预测模型来分析心脏病患者丢弃的心电图数据。他们利用数据挖掘和机器学习在海量的数据中筛选,发现心电图中出现三类异常者一年内死于第二次心脏病发作的机率比未出现者高 1～2 倍。这种新方法能够预测出更多的、无法通过现有的风险筛查被探查出的高危病人,如图 3-2 所示。

2. 可视化分析

不管是对数据分析专家还是普通用户,他们二者对于大数据分析最基本的要求就是可视化分析,因为可视化分析能够直观地呈现大数据特点,同时能够非常容易地被地用户所接受。可视化可以直观地展示数据,让数据自己说话,让观众听到结果,数据可视化是数据分析工具最基本的要求。如图 3-3 所示是报纸发行量的可视化分析。图 3-4 所示是超市开业情况的地理位置可视化分析。

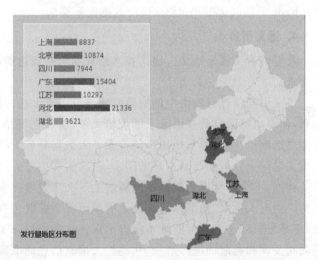

图 3-2　心电图大数据分析　　　　　　　图 3-3　北京日报发行量数据分析

3. 大数据挖掘算法

可视化分析结果是给用户看的,而数据挖掘算法是给计算机看的,通过让机器学习算法,按人的指令工作,从而呈现给用户隐藏在数据之中的有价值的结果。大数据分析的理论核心就是数据挖掘算法,算法不仅要考虑数据的量,也要考虑处理的速度,目前在许多领域的研究都是在分布式计算框架上对现有的数据挖掘理论加以改进,进行并行化、分布式处理。

常用的数据挖掘方法有分类、预测、关联规则、聚类、决策树、描述和可视化、复杂数据类型挖掘(Text、Web、图形图像、视频、音频)等,有很多学者对大数据挖掘算法进行了研究和

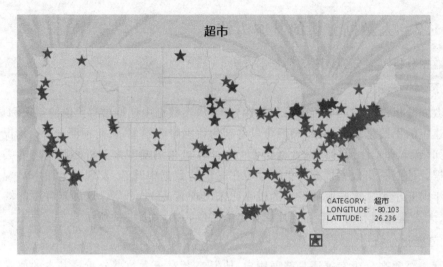

图 3-4　超市新店开业数据分析

文献发表。例如,有文献提出了对适合慢性病分类的 C4.5 决策树算法进行改进,对基于 MapReduce 编程框架进行算法的并行化改造;有文献提出对数据挖掘技术中的关联规则算法进行研究,并通过引入了兴趣度对经典 Apriori 算法进行改进,提出了一种基于 MapReduce 的改进的 Apriori 医疗数据挖掘算法。

4. 语义引擎

数据的含义就是语义。语义技术是从词语所表达的语义层次上来认识和处理用户的检索请求。

语义引擎通过对网络中的资源对象进行语义上的标注以及对用户的查询表达进行语义处理,使得自然语言具备语义上的逻辑关系,能够在网络环境下进行广泛有效的语义推理,从而更加准确、全面地实现用户的检索。大数据分析广泛应用于网络数据挖掘,可从用户的搜索关键词来分析和判断用户的需求,从而实现更好的用户体验。

例如,一个语义搜索引擎试图通过上下文来解读搜索结果,它可以自动识别文本的概念结构。如有人搜索"选举",语义搜索引擎可能会获取包含"投票"、"竞选"和"选票"的文本信息,但是"选举"这个词可能根本没有出现在这些信息来源中,也就是说语义搜索可以对关键词的相关词和类似词进行解读,从而扩大搜索信息的准确性和相关性。

5. 数据质量和数据管理

数据质量和数据管理是指为了满足信息利用的需要,而对信息系统的各个信息采集点进行规范,包括建立模式化的操作规程、原始信息的校验、错误信息的反馈、矫正等一系列的过程。大数据分析离不开数据质量和数据管理,高质量的数据和有效的数据管理,无论是在学术研究还是在商业应用领域,都能够保证分析结果的真实和有价值。

3.1.3　大数据处理流程

整个处理流程可以分解为定义问题、数据理解、数据采集、数据预处理、数据分析、分析结果解析等,具体如图 3-5 所示。

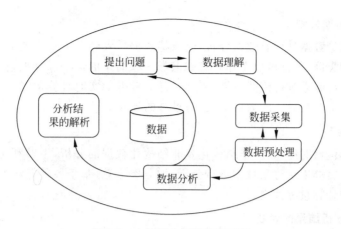

图 3-5 大数据分析处理流程图

1. 提出问题

大数据分析就是解决具体业务问题的处理过程,这需要在具体业务中提炼出准确的实现目标,也就是首先要制定具体需要解决的问题,如图 3-6 所示。

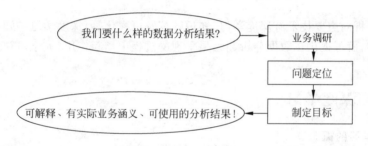

图 3-6 提出问题的过程

2. 大数据理解

大数据分析是为了解决业务问题,理解问题要基于业务知识,数据理解就是利用业务知识来认识数据。如大数据分析"饮食与疾病的关系"、"糖尿病与高血压的发病关系",这些分析都需要对相关医学知识有足够的了解才能理解数据并进行分析。只有对业务知识有深入的理解,才能在大数据中找准分析指标和进一步衍生出来的指标,从而抓住问题的本质,挖掘出有价值的结果,如图 3-7 所示。

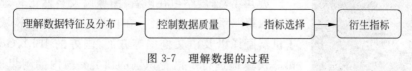

图 3-7 理解数据的过程

3. 大数据的采集

传统的数据采集来源单一,且存储、管理和分析数据量也相对较小,大多采用关系型数据库和并行数据仓库即可处理。大数据的采集可以通过系统日志采集方法、对非结构化数据采集方法、企业特定系统接口等相关方式采集,如用户利用多个数据库来接收来自客户端(Web、App 或者传感器等)的数据。

4. 大数据的预处理

如果要对海量数据进行有效的分析,应该将数据导入到一个集中的大型分布式数据库或者分布式存储集群,并且可以在导入基础上做一些简单的清洗和预处理工作。也有一些用户会在导入时对数据进行流式计算,来满足部分业务的实时计算需求。导入与预处理过程的特点和挑战主要是导入的数据量大,每秒钟的导入量经常会达到百兆,甚至千兆级别。

5. 大数据分析

大数据分析包括对结构化、半结构化及非结构化数据的分析,主要利用分布式数据库,或者分布式计算集群来对海量数据进行分析,如分类汇总、基于各种算法的高级别计算等,涉及的数据量和计算量都很大。

6. 大数据分析结果的解析

对用户来讲,最关心的是数据分析结果与解析,对结果的理解可以通过合适的展示方式,如可视化和人机交互等技术来实现。

3.2 大数据分析的主要技术

大数据分析的主要技术有深度学习、知识计算及可视化等,深度学习和知识计算是大数据分析的基础,而可视化在数据分析和结果呈现的过程中均起作用(关于可视化的具体处理方法见第 4 章)。

3.2.1 深度学习

1. 深度学习的概念

深度学习是一种能够模拟出人脑的神经结构的机器学习方式,从而能够让计算机具有人一样的智慧。其利用层次化的架构学习出对象在不同层次上的表达,这种层次化的表达可以帮助解决更加复杂抽象的问题。在层次化中,高层的概念通常是通过低层的概念来定义的,深度学习可以对人类难以理解的底层数据特征进行层层抽象,从而提高数据学习的精度。让计算机模仿人脑的机制来分析数据,建立类似人脑的神经网络进行机器学习,从而实现对数据有效的表达、解释和学习,这种技术在将来无疑是前景无限的。

2. 深度学习的应用

近几年,深度学习在语音、图像以及自然语言理解等应用领域取得一系列重大进展。在自然语言处理等领域主要应用于机器翻译以及语义挖掘等方面,国外的 IBM、Google 等公司都快速地进行了语音识别的研究;国内的阿里巴巴、科大讯飞、百度、中科院自动化所等公司或研究单位,也在进行深度学习在语音识别上的研究。

深度学习在图像领域也取得了一系列进展。如微软推出的网站 how-old,用户可以上传自己的照片"估龄"。系统根据照片会对瞳孔、眼角、鼻子等 27 个"面部地标点"展开分析,判断照片上人物的年龄,如图 3-8 所示。

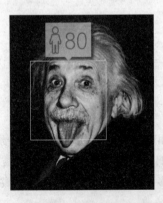

图 3-8　人脸识别判断年龄

举例：德国用深度学习算法让人工智能系统学习绘画。

2015 年德国一个综合神经科学研究所用深度学习算法让人工智能系统学习梵高、莫奈等世界著名画家的画风绘制新的"人工智能世界名画"。他们在视觉感知的关键领域，如物体和人脸识别等方面有了新的解决方法，这就是深层神经网络。基于深层神经网络的人工智能系统提供了绘画模仿，提供了神经创造艺术形象的算法，用以理解和模拟人类去创建和感知艺术形象。该算法是卷积神经网络算法，模拟人类大脑处理视觉时的工作状态，在目标识别方面较其他可用算法甚至人类专家更好。

图 3-9 是德国一个小镇的原始照片，图 3-10、图 3-11 和图 3-12 的左下角显示的是名画原作，右侧是人工智能学习后变形的图 3-9 图片效果。

图 3-9　德国小镇一瞥

图 3-10　特纳弥诺陶洛斯的沉船风格的小镇

图 3-11　梵高的星夜风格的小镇

图 3-12　爱德华·蒙克的呐喊风格的小镇

以上这些图像结合了一些著名的艺术绘画风格，这些图像被创建时，首先学习艺术品的内容表示和风格表示，然后应用在给定的图 3-9 中，并进行重新排列组合进行相似性视觉对比绘画，形成人工智能版的世界名画。

3.2.2　知识计算

1. 知识计算的概念

知识计算是从大数据中首先获得有价值的知识，并对其进行进一步深入的计算和分析的过程。也就是要对数据进行高端的分析,需要从大数据中先抽取出有价值的知识,并把它构建成可支持查询、分析与计算的知识库。知识计算是目前国内外工业界开发和学术界研究的一个热点。知识计算的基础是构建知识库,知识库中的知识是显式的知识。通过利用显式的知识,人们可以进一步计算出隐式知识。知识计算包括属性计算、关系计算、实例计算等。

2. 知识计算的应用

目前,世界各个组织建立的知识库多达 50 余种,相关的应用系统更是达到了上百种。如维基百科等在线百科知识构建的知识库 DBpedia、YAG、Omega、WikiTaxonomy;Google 创建了至今世界最大的知识库,名为 Knowledge Vault,它通过算法自动搜集网上信息,通过机器学习把数据变成可用知识,目前,Knowledge Vault 已经收集了 16 亿件事件。知识库除了改善人机交互之外,也会推动现实增强技术的发展,Knowledge Vault 可以驱动一个现实增强系统,让人们从头戴显示屏上了解现实世界中的地标、建筑、商业网点等信息。

知识图谱泛指各种大型知识库,是把所有不同种类的信息连接在一起而得到的一个关系网络。这个概念最早由 Google 提出,提供了从"关系"的角度去分析问题的能力,知识图谱就是机器大脑中的知识库。

在国内,中文知识图谱的构建与知识计算也有大量的研究和开发应用,图 3-13 是心房颤动知识图谱,图 3-14 是心肌炎知识图谱。具有代表性的有中国科学院计算技术研究所的 OpenKN、中国科学院数学研究院提出的知件(Knowware)、上海交通大学最早构建的中文知识图谱平台 zhishi.me、百度推出了中文知识图谱搜索、搜狗推出的知立方平台、复旦大学 GDM 实验室推出的中文知识图谱展示平台等,这些知识库必将使知识计算发挥更大的作用。

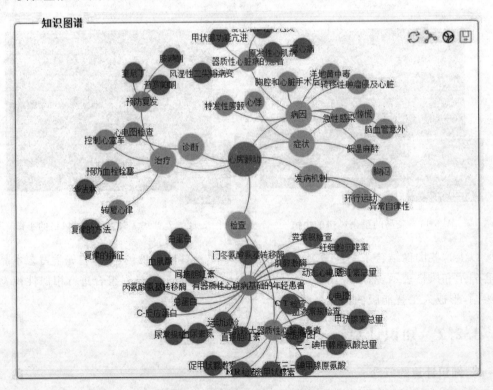

图 3-13　心房颤动知识图谱

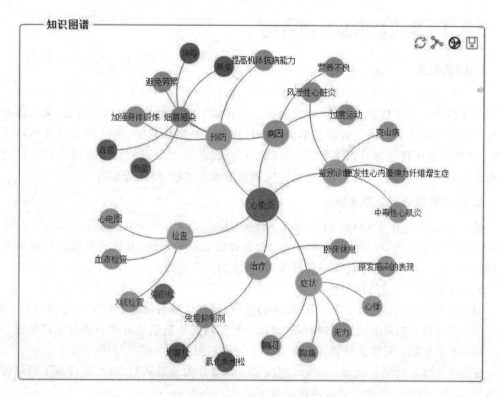

图 3-14　心肌炎知识图谱

3.3　大数据分析处理系统简介

针对不同业务需求的大数据,应采用不同的分析处理系统。国内外的互联网企业都在基于开源性面向典型应用的专用化系统进行开发。

3.3.1　批量数据及处理系统

1. 批量数据

批量数据通常是数据体量巨大,如数据从 TB 级别跃升到 PB 级别,且是以静态的形式存储,这种批量数据往往是从应用中沉淀下来的数据,如医院长期存储的电子病历等。对这样数据的分析通常使用合理的算法,才能进行数据计算和价值发现。大数据的批量处理系统适用于先存储后计算,实时性要求不高,但数据的准确性和全面性要求较高的场景。

2. 批量数据分析处理系统

Hadoop 是典型的大数据批量处理架构,由 HDFS(Hadoop Distributed File System, Hadoop 分布式文件系统)负责静态数据的存储,并通过 MapReduce 将计算逻辑、机器学习和数据挖掘算法实现。关于 Hadoop 与 MapReduce 的具体处理流程和方法见本书第 5 和 7 章。

3.3.2　流式数据及处理系统

1. 流式数据

流式数据是一个无穷的数据序列,序列中的每一个元素来源不同,格式复杂,序列往往包含时序特性。在大数据背景下,流式数据处理常见于服务器日志的实时采集,将 PB 级数据的处理时间缩短到秒级。数据流中的数据格式可以是结构化的、半结构化的甚至是非结构化的,数据流中往往含有错误元素、垃圾信息等,因此流式数据的处理系统要有很好的容错性及不同结构的数据分析能力,还要完成数据的动态清洗、格式处理等。

2. 流式数据分析处理系统

流式数据处理有 Twitter 的 Storm、Facebook 的 Scribe、Linkedin 的 Samza 等。其中 Storm 是一套分布式、可靠、可容错的用于处理流式数据的系统,其流式处理作业被分发至不同类型的组件,每个组件负责一项简单的、特定的处理任务。

Storm 系统有其独特的特性。

(1) 简单的编程:类似于 MapReduce 的操作,降低了并行批处理与实时处理的复杂性。

(2) 容错性:如果出现异常,Storm 将以一致的状态重新启动处理以恢复正确状态。

(3) 水平扩展:其流式计算过程是在多个线程和服务器之间并行进行的。

(4) 快速可靠的消息处理:Storm 利用 ZeroMQ 作为消息队列,极大地提高了消息传递的速度,任务失败时,它会负责从消息源重试消息。

3.3.3　交互式数据及处理系统

1. 交互式数据

交互式数据是操作人员与计算机以人机对话的方式产生的数据,操作人员提出请求,数据以对话的方式输入,计算机系统便提供相应的数据或提示信息,引导操作人员逐步地完成所需的操作,直至获得最后处理结果。交互式数据处理灵活、直观、便于控制,采用这种方式,存储在系统中的数据文件能够被及时地处理修改,同时处理结果可以立刻被使用。

2. 交互式数据分析处理系统

交互式数据处理系统有 Berkeley 的 Spark 和 Google 的 Dremel 等。Spark 是一个基于内存计算的可扩展的开源集群计算系统。关于 Spark 的详细介绍见本书第 9 章。

3.3.4　图数据及处理系统

1. 图数据

图数据是通过图形表达出来的信息含义。图自身的结构特点可以很好地表示事物之间的关系。图数据中主要包括图中的节点以及连接节点的边。在图中,顶点和边实例化构成各种类型的图,如标签图、属性图、特征图以及语义图等,如图 3-15、图 3-16、图 3-17 和图 3-18 所示。

图 3-15 价格标签图

图 3-16 服装颜色属性图

图 3-17 自然特征图

图 3-18 人脑语义地图

2. 图数据分析处理系统

图数据处理有一些典型的系统,如 Google 的 Pregel 系统、Neo4j 系统和微软的 Trinity 系统。Trinity 是 Microsoft 推出的一款建立在分布式云存储上的计算平台,可以提供高度并行查询处理、事务记录、一致性控制等功能。Trinity 主要使用内存存储,磁盘仅作为备份存储。

Trinity 有以下特点。

(1)数据模型是超图:超图中,一条边可以连接任意数目的图顶点,此模型中图的边称为超边,超图比简单图的适用性更强,保留的信息更多。

(2)并发性:可以配置在一台或上百台计算机上,提供了一个图分割机制。

(3)具有数据库的一些特点:是一个基于内存的图数据库,有丰富的数据库特点。

(4)支持批处理:支持大型在线查询和离线批处理,并且支持同步和不同步批处理计算。

3.4 大数据分析的应用

大数据分析有广泛的应用,以下从互联网和医疗领域为例,介绍大数据的应用。

1. 互联网领域大数据分析的典型应用

(1)用户行为数据分析。如精准广告投放、行为习惯和喜好分析、产品优化等。

（2）用户消费数据分析。如精准营销、信用记录分析、活动促销、理财等。

（3）用户地理位置数据分析。如 O2O（Online To Offline，在线离线/线上到线下）推广、商家推荐、交友推荐等。

（4）互联网金融数据分析。如 P2P（Peer-To-Peer）、小额贷款、支付、信用、供应链金融等。

（5）用户社交等数据分析。如流行元素分析、舆论监控分析、社会问题分析等。

2. 医疗领域大数据分析的典型应用

（1）公共卫生：分析疾病模式和追踪疾病暴发及传播方式途径，提高公共卫生监测和反应速度。更快更准确地研制靶向疫苗，如开发每年的流感疫苗。

（2）循证医学：分析各种结构化和非结构化数据，如电子病历、财务和运营数据、临床资料和基因组数据，从而寻找与病症信息相匹配的治疗方案、预测疾病的高危患者或提供更多高效的医疗服务。

（3）基因组分析：更有效和低成本的执行基因测序，使基因组分析成为正规医疗保健决策的必要信息并纳入病人病历记录。

（4）设备远程监控：从住院和家庭医疗装置采集和分析实时大容量的快速移动数据，用于安全监控和不良反应的预测。

（5）病人资料分析：全面分析病人个人信息，找到能从特定保健措施中获益的个人。

（6）疾病预测：如预测特定病人的住院时间，哪些病人会选择非急需性手术，哪些病人不会从手术治疗中受益，哪些病人会更容易出现并发症等。

（7）临床操作：相对更有效的医学研究，发展出临床相关性更强和成本效益更高的方法用来诊断和治疗病人。

3. 应用案例：某互联网公司对用户行为数据进行实时分析

分析步骤如下。

（1）首先提出分析方案：制定测试分析策略，数据来源于网站用户行为数据，数据量是 90 天细节数据约 50 亿条。

（2）简单测试：先通过 5 台 PC Server，导入 1～2 天的数据，演示如何 ETL（见注释），如何做简单应用。

（3）实际数据导入：按照制定的测试方案，开始导入 90 天的数据，在导入数据中解决如下问题：①解决步长问题（每次导入记录条数），有效访问次数。②解决 HBase 数据和 SQLServer 数据的关联问题等。

（4）数据源及数据特征分析。

90 天的数据量：Web 数据 7 亿条，App 数据 37 亿条，总估计在 50 亿条。

每个表有 20 多个字段，一半字符串类型，一半数值类型，一行数据估计 2000B。

每天导入 5000 万行，约 100G 存储空间，100 天是 10T 的数据量。

50 亿条数据若全部导入需要 900G 的存储量（压缩比在 11∶1）。

假设同时装载到内存中分析的量在 1/3，那总共需要 300G 的内存。

（5）硬件设计方案。

总共配制需要 300G 的内存。5 台 PC Server，每台内存：64G，4CPU 4Core。

机器角色：一台 Naming、Map，一台 Client、Reduce、Map，其余三台都是 Map。

（6）ETL（Extract Transform Load）过程（将数据从来源端经过抽取、转换、加载至目的端的过程）。

历史数据集中导：每天的细节数据和 SQL Server 关联后，打上标签，再导入集市。

增量数据自动导：每天导入数据，生成汇总数据。

维度数据被缓存：细节数据按照日期打上标签，跟缓存的维度数据关联后入集市。

（7）系统配置：系统内部管理、内存参数等配置。

（8）互联网用户行为分析结果。

浏览器分析：运行时间、有效时间、启动次数、覆盖人数等。

主流网络电视：浏览总时长、有效流量时长、浏览次（PV）数覆盖占有率、1 天内相同访客多次访问网站、只计算为 1 个独立访客（UV）占有率等。

主流电商网站：在线总时长、有效在线总时长、独立访问量、网站覆盖量等。

主流财经网站：在线总时长、有效总浏览时长、独立访问量、总覆盖量等。

（9）技术上分析测试结果。

90 天数据，近 10T 的原始数据，大部分的分析查询都是被秒级响应。

实现了 Hbase 数据与 SQLServer 中维度表关联分析的需求。

（10）分析测试的经验总结。

由于事先做了预算限制，投入并不大，并且解决了 Hive 不够实时的问题。有关 Hive，请参考 5.2 节。

本章小结

大数据分析为处理结构化与非结构化的数据提供了新的途径，这些分析在具体应用上还有很长的路要走，在未来的日子里将会看到更多的产品和应用系统在生活中出现。通过本章内容的学习，学生应该学会大数据分析的方法，掌握大数据分析的一般流程与主要技术，为大数据的分析应用奠定基础。

习题 3

一、填空题

1. 大数据分析是指_____。

2. 大数据分析的基本方法有预测性分析、可视化分析、_____、语义引擎、数据质量和数据管理。

3. 大数据处理流程可以分解为定义问题、数据理解、数据采集、_____、数据分析、分析结果解析等。

4. 深度学习和_____是大数据分析的基础。

5. 知识图谱泛指各种大型_____，是把所有不同种类的信息连接在一起而得到的一个关系网络。

6. 图数据中主要包括图中的节点以及连接节点的边。在图中，顶点和边实例化构成各种类型的图,如标签图、属性图、语义图以及_____等。

7. 人们对大数据的处理形式主要是对静态数据的批量处理,_____,以及对图数据的综合处理等。

8. _____是典型的大数据批量处理架构。

9. 交互式数据处理系统的典型代表是 Berkeley 的_____系统等。

10. 图数据处理有一些典型的系统,如微软的_____系统。

二、简答题

1. 简述大数据的分析流程。

2. 简述深度学习。

3. 简述知识计算。

4. 简述批量数据。

5. 简述流式数据。

第4章

大数据可视化

 导学

内容与要求

本章主要介绍大数据可视化的概念、大数据可视化的过程和大数据可视化工具 Tableau。

在"大数据可视化简介"一节中，需要掌握大数据可视化和数据可视化的概念；了解大数据可视化的过程。

在"大数据可视化工具 Tableau"一节中，需要了解大数据可视化工具的特性，掌握 Tableau 工具的使用。

重点、难点

本章的重点是大数据可视化的概念，难点是如何使用 Tableau 来设计可视化产品。

在大数据时代，人们不仅处理着海量的数据，同时还要对这些数据进行加工、传播和分享等。当前，实现这些形式的最好方法是大数据可视化。大数据可视化让数据变得更加可信，它像文字一样，为人们讲述着各种各样的故事。

4.1 大数据可视化简介

众所周知，人们描述日常行为、行踪、喜欢做的事情等时，这些无法量化的数据量是大得惊人的。很多人说大数据是由数字组成的，而有些时候数字是很难看懂的。而数据可视化

可以让人们与数据交互,其超越了传统意义上的数据分析。数据可视化给人们的生活带来了演讲,让人们对枯燥的数字产生了兴趣。

人们如何得到干净和有用的可视化数据呢?它会消耗人们多少时间呢?答案就是:人们只需选择正确的数据可视化工具,这些工具可以帮助人们在几分钟之内将所有需要的数据可视化。

1. 大数据可视化与数据可视化

数据可视化是关于数据的视觉表现形式的科学技术研究。其中,数据的视觉表现形式被定义为以某种概要形式抽提出来的信息,包括相应信息单位的各种属性和变量。

人们常见的那些柱状图、饼图、直方图、散点图等是最原始的统计图表,也是数据可视化最基础、最常见的应用。因为这些原始统计图表只能呈现数据的基本信息,所以当面对复杂或大规模结构化、半结构化和非结构化数据时,数据可视化的设计就要复杂很多。

因此,大数据可视化可以理解为数据量更加庞大,结构更加复杂的数据可视化。例如,图 4-1 展示的是非洲大型哺乳动物种群的稳定性和濒危状况。图中面朝左边的动物数量正在不断减少,而面朝右边的动物状况则比较稳定。所以,在数据急剧增加的背景下,数据可视化将推动大数据更为广泛的应用就显得尤为重要。

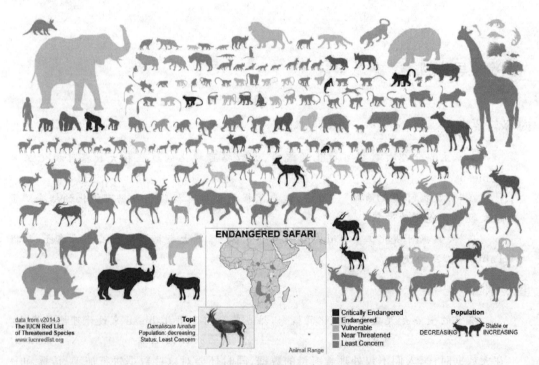

图 4-1　非洲大型哺乳动物种群的稳定性和濒危状况

综合以上描述,现将大数据可视化与数据可视化做以下比较,如表 4-1 所示。

表 4-1　大数据可视化与数据可视化的比较

	大数据可视化	数据可视化
数据类型	结构化、半结构化、非结构化	结构化
表现形式	多种形式	主要是统计图表

	大数据可视化	数据可视化
实现手段	各种技术方法、工具	各种技术方法、工具
结果	发现数据中蕴含的规律特征	注重数据及其结构关系

2. 大数据可视化的过程

大数据可视化的过程主要有以下 9 个方面。

1）数据的可视化

数据可视化的核心是采用可视化元素来表达原始数据,例如,通常柱状图利用柱子的高度,反映数据的差异。图 4-2 中显示的是中国电信区域人群检测系统,其中利用柱状图显示年龄的分布情况,利用饼图显示性别的分布情况。

2）指标的可视化

在可视化的过程中,采用可视化元素的方式将指标可视化,会将可视化的效果增色很多,例如,对 QQ 群大数据资料进行可视化分析中,数据用各种图形的方式展示,图 4-3 中显示的是将近 100G 的 QQ 群数据,通过数据可视化把数据作为点和线连接起来,其中企鹅图标的节点代表 QQ,群图标的节点代表群,每条线代表一个关系,一个 QQ 可以加入 N 个群,一个群也可以有 N 个 QQ 加入。线的颜色分别代表:黄色为群主;绿色为群管理员;蓝色为群成员。群主和管理员的关系线比普通的群成员长一些,这是为了突出群内的重要成员的关系。

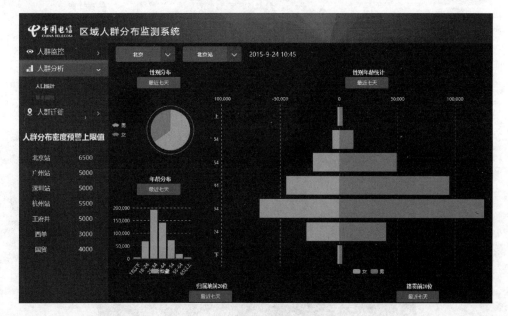

图 4-2　区域人群检测系统

3）数据关系的可视化

数据关系往往也是可视化数据核心表达的主题。例如,图 4-4 中研究操作系统的分布,其中显示的是将 Windows 比喻成太阳系,Windows XP、Window 7 等比喻成太阳系中的行星;其他系统比喻成其他星系。通过这个图人们就可以很清晰地看出数据之间的关系。

图 4-3 对 QQ 群大数据资料进行可视化分析

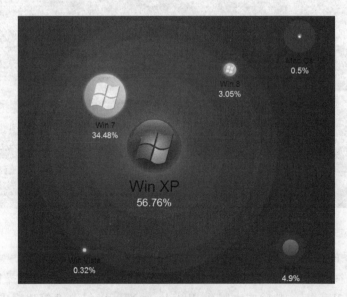

图 4-4 操作系统分布

4）背景数据的可视化

很多时候，光有原始数据是不够的，因为数据没有价值，信息才有价值。例如，设计师马特·罗宾森（Matt Robinson）和汤姆·维格勒沃斯（Tom Wrigglesworth）用不同的圆珠笔和字体写"Sample"这个单词。因为不同字体使用墨水量不同，所以每支笔所剩的墨水也不同。于是就产生了这幅有趣的图（如图4-5所示），在这幅图中不再需要标注坐标系，因为不同的笔及其墨水含量已经包含了这个信息。

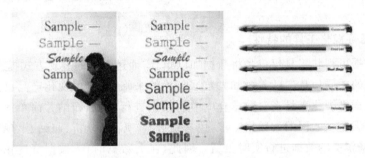

图4-5 马特·罗宾森和汤姆·维格勒沃斯的"字体测量"

5）转换成便于接受的形式

数据可视化的功能包括数据的记录、传递和沟通，之前的操作实现了记录和传递，但是沟通可能还需要优化，这种优化包括按照人的接受模式、习惯和能力等进行综合改进，这样才能更容易地被人们接受。例如，做一个关于"销售计划"的可视化产品，原始数据是销售额列表，采用柱状图来表达；在图表中增加一条销售计划线来表示销售计划数据；最后在销售计划线上增加勾和叉的符号，来表示完成和未完成计划，如此看图表的人更容易接受。

6）聚焦

所谓聚焦就是利用一些可视化手段，把那些需要强化的小部分数据和信息按照可视化的标准进行再次处理。

很多时候数据、信息、符号对于接受者而言是超负荷的，这时人们就需要在原来的可视化结果基础上再进行聚焦。在上述的"销售计划"中，假设这个图表重点是针对没有完成计划的销售员的，那么我们可以强化"叉"是红色的。如果柱状图中的柱是黑色，勾也是黑色，那么红色的叉更为显眼。

7）集中或者汇总展示

对这个"销售计划"可视化产品来说，还有很大的完善空间，例如，为了让管理者更好地掌握情况，人们可以增加一张没有完成计划的销售人员数据表，这样管理者在掌控全局的基础上，还可以很容易地抓住所有焦点，进行逐一处理。

8）收尾的处理

在之前的基础上，人们还可以进一步修饰。这些修饰是为了让可视化的细节更为精准、甚至优美，比较典型的操作包括设置标题、表明数据来源、对过长的柱子进行缩略处理、进行表格线的颜色设置、各种字体、图素粗细、颜色设置等。

9）完美的风格化

所谓风格化就是标准化基础上的特色化，最典型的如增加企业或个人的LOGO，让人们知道这个可视化产品属于哪个企业、哪个人。而真正做到风格化，还是有很多不同的操作，例如,布局、用色,典型的图标,甚至动画的时间、过渡等,从而让人们更直观地理解和接受。

4.2　大数据可视化工具 Tableau

现在已经出现了很多大数据可视化工具,从最简单的 Excel 到基于在线的数据可视化工具、三维工具、地图绘制工具以及复杂的编程工具等,正逐步地改变着人们对大数据可视化的认识。

1. 大数据可视化工具的特性

传统的数据可视化工具仅仅是将数据加以组合,通过不同的展现方式提供给用户,用于发现数据之间的关联信息。随着云和大数据时代的来临,数据可视化产品已经不再满足于使用传统的数据可视化工具来对数据仓库中的数据进行抽取、归纳并简单的展现。数据可视化产品必须满足互联网的大数据需求,快速地收集、筛选、分析、归纳、展现决策者所需要的信息,并根据新增的数据进行实时更新。因此,在大数据时代,数据可视化工具必须具有以下特性。

(1) 实时性:数据可视化工具必须适应大数据时代数据量的爆炸式增长需求,快速地收集和分析数据并对数据信息进行实时更新。

(2) 简单操作:数据可视化工具满足快速开发、易于操作的特性,能满足互联网时代信息多变的特点。

(3) 更丰富的展现:数据可视化工具需具有更丰富的展现方式,能充分地满足数据展现的多维度要求。

(4) 多种数据集成支持方式:数据的来源不仅仅局限于数据库,数据可视化工具将支持团队协作数据、数据仓库、文本等多种方式,并能够通过互联网进行展现。

2. Tableau 简介

Tableau 是一款功能非常强大的可视化数据分析软件,其定位在数据可视化的商务智能展现工具,可以用来实现交互的、可视化的分析和仪表板分析应用。就和 Tableau 这个词汇的原意"画面"一样,它带给用户美好的视觉感官。

Tableau 的特性主要包括以下 6 个方面。

(1) 自助式 BI(Bussiness Intelligence,商业智能),IT 人员提供底层的架构,业务人员创建报表和仪表板。Tableau 允许操作者将表格中的数据转变成各种可视化的图形、强交互性的仪表板并共享给企业中的其他用户。

(2) 友好的数据可视化界面,操作简单,用户通过简单的拖曳发现数据背后所隐藏的业务问题。

(3) 与各种数据源之间实现无缝连接。

(4) 内置地图引擎。

(5) 支持两种数据连接模式,Tableau 的架构提供了两种方式访问大数据量,即内存计算和数据库直连。

(6) 灵活的部署,适用于各种企业环境。

Tableau 全球拥有一万多客户,分布在全球 100 多个国家和地区,应用领域遍及商务服务、能源、电信、金融服务、互联网、生命科学、医疗保健、制造业、媒体娱乐、公共部门、教育和零售等各个行业。

Tableau 有桌面版和服务器版。桌面版包括个人版开发和专业版开发,个人版开发只适用于连接文本类型的数据源;专业版开发可以连接所有数据源。服务器版可以将桌面版开发的文件发布到服务器上,共享给企业中其他的用户访问;能够方便地嵌入到任何门户或者 Web 页面中。

Tableau 支持的数据接口多达 24 种,其中常见的数据接口如表 4-2 所示。

表 4-2　Tableau 的常见数据接口

数 据 接 口	说　　明
Microsoft Excel	可以进行各种数据的处理、统计分析和辅助决策操作的软件
Microsoft Access	微软发布的关系数据库管理系统
Text files	文本文件
Aster Data nCluster	一个大型数据管理和数据分析的新平台
Microsoft SQL Server	关系型数据库管理系统,使用集成的商业智能工具提供了企业级的数据管理
MySQL	关系型数据库管理系统,在 Web 应用方面表现最好
Oracle	关系数据库管理系统,系统可移植性好、使用方便、功能强,适用于各类大、中、小、微机环境
IBM DB2	关系型数据库管理系统,主要应用于大型应用系统,具有较好的可伸缩性,可支持从大型机到单用户环境,应用于所有常见的服务器操作系统平台下
Hadoop Hive	基于 Hadoop 的一个数据仓库工具,可以将结构化的数据文件映射为一张数据库表,并提供简单的 SQL 查询功能,可以将 SQL 语句转换为 MapReduce 任务进行运行

3. Tableau 入门操作

下面将介绍 Tableau 的入门操作,使用软件自带的示例数据,介绍如何连接数据、创建视图、创建仪表板和创建故事。

(1)连接数据。启动 Tableau 后要做的第一件事是连接数据。

① 选择数据源。在 Tableau 的工作界面的左侧显示可以连接的数据源,如图 4-6 所示。

② 打开数据文件。这里以 Excel 文件为例,选择 Tableau 自带的"超市.xls"文件,如图 4-7 所示为打开文件后的工作界面。

③ 设置连接。超市.xls 中有 3 个工作表,将工作表拖至联接区域就可以开始分析数据了。例如,将"订单"工作表拖至联接区域,然后单击工作表选项卡开始分析数据,如图 4-8 所示。

(2)构建视图。连接到数据源之后,字段作为维度和度量显示在工作簿左侧的数据窗格中,将字段从数据窗格拖放到功能区来创建视图。

① 将维度拖至行、列功能区。单击图 4-8 下面的"工作表 1"切换到数据窗格。例如,将窗格左侧中"维度"区域里的"地区"和"细分"拖至行功能区,"类别"拖至列功能区,如图 4-9 所示。

② 将度量拖至"文本"。例如,将数据窗格左侧中"度量"区域里的"销售额"拖至窗格"标记"中的"文本"标记卡上,如图 4-10 所示。

这时,在图 4-10 中窗格的中间区域,数据的交叉表视图就呈现出来了。

③ 显示数据。将图 4-10"标记"卡中"总计(销售额)"拖至列功能区,数据就会以图形的方式显示出来,如图 4-11 所示。

图 4-6　Tableau 的工作界面

图 4-7　打开的"超市.xls"文件

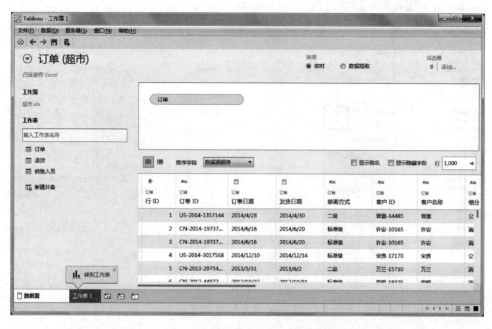

图 4-8 "订单"工作表拖至联接区域

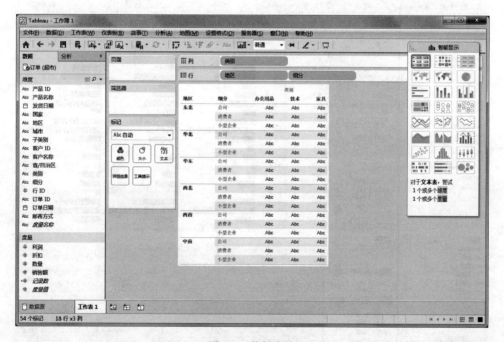

图 4-9 数据窗格

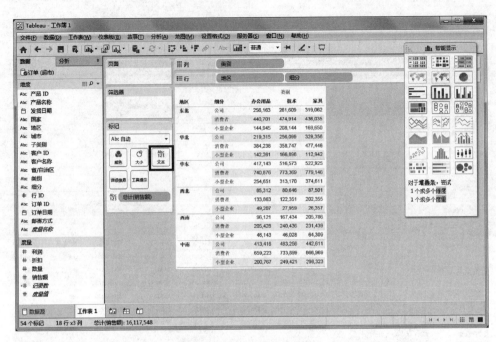

图 4-10　"文本"标记卡

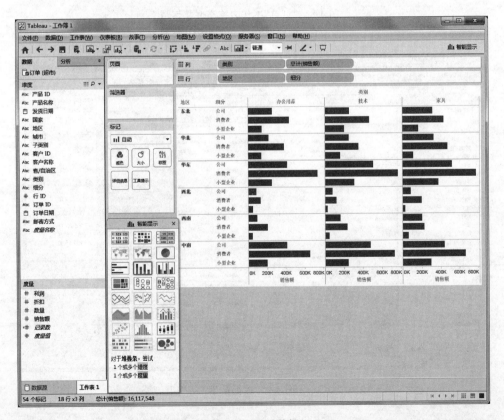

图 4-11　显示数据

从数据窗格"维度"区域中将"地区"拖至"颜色"标记卡上,不同地区的数据就会以不同的颜色显示,从而可以快速挑出业绩最好和最差的产品类别、地区和客户细分,如图4-12所示。

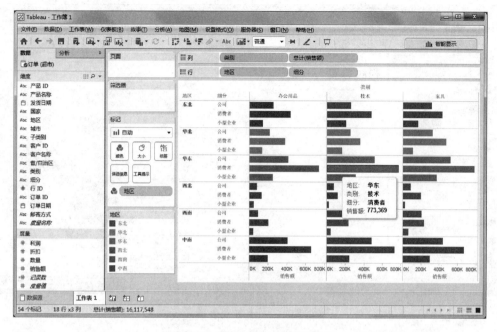

图4-12 使用颜色显示更多数据

当鼠标在图形上移动时,会显示与之对应的相关数据,如图4-12中白色浮动框。

对于数据的显示图形还可以进行修改,单击图4-12工具栏右侧的"智能显示"按钮,打开"智能显示"窗格,如图4-13中所示。在"智能窗格"中凡是变亮的按钮即可为当前数据所使用,例如,这里就是"文本表"、"压力图"、"突出显示表"、"饼图"等12个图形可以使用。

(3)创建仪表板。当对数据集创建了多个视图后,就可以利用这些视图组成单个仪表板。

① 新建仪表板。单击图4-14下方中的"新建仪表板"按钮,打开仪表板。然后在"仪表板"的"大小"列表中适当调整大小。

② 添加视图。将仪表板中显示的视图依次拖入编辑视图中。如图4-15所示,将"销售地图"放在上方,"销售客户细分"和"销售产品细分"分别放在下方。

图4-13 智能显示

(4)创建故事。使用Tableau故事点,可以显示事实间的关联、提供前后关系,以及演示决策与结果间的关系。

单击菜单命令"故事"|"新建故事",打开故事视图。从"仪表板和工作表"区域中将视图或仪表板拖至中间区域,如图4-16所示。

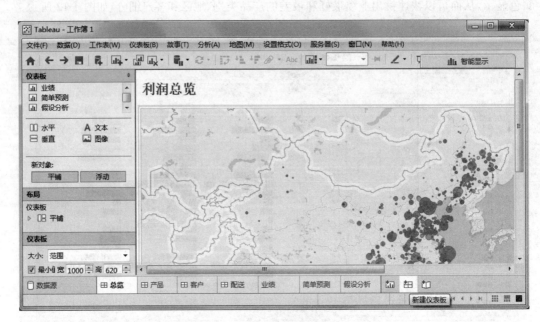

图 4-14　新建仪表板

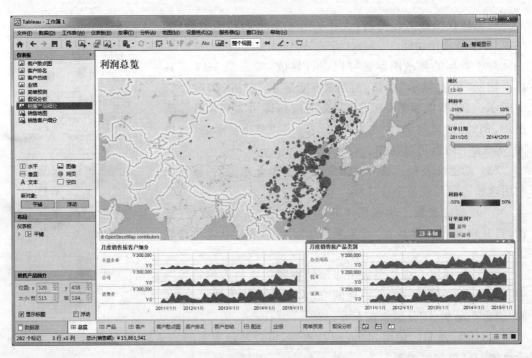

图 4-15　添加视图

图 4-16　创建故事点

在导航器中，单击故事点，可以添加标题。单击"新空白点"按钮添加空白故事点，继续拖入视图或仪表板。单击"复制"按钮创建当前故事点的副本，然后可以修改该副本。

（5）发布工作簿。

① 保存工作簿。可以通过"文件"|"保存"或者"另存为"命令来完成，或者单击工具栏中的"保存"按钮。

② 发布工作簿。可以通过"服务器"|"发布工作簿"来实现。

对于 Tableau 工作簿的发布方式有多种，如图 4-17 所示，其中分享工作簿最有效的方式是发布到 Tableau Online 和 Tableau Server。Tableau 发布的工作簿是最新、安全、完全交互式的，可以通过浏览器或移动设备观看。

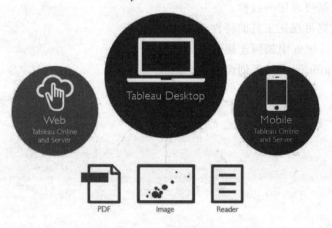

图 4-17　工作簿发布

通过以上五部分操作,可以创建最基本的可视化产品。但是 Tableau 的功能却远远不止这些,如果需要掌握其更多的操作和功能,还需要进一步的学习,才能真正对海量的数据进行更加复杂的可视化设计。

本章小结

大数据可视化是一个崭新的领域,可视化研究的重点在于仔细研究数据,讲出大多数人从不知晓但却渴望听到的好故事,从而了解它们背后蕴含的信息。通过本章的学习,可以对大数据可视化有一个基本的了解,为进一步学习大数据可视化打下理论基础。

习题 4

一、填空题

1. 大数据可视化可以理解为数据量更加庞大,结构更加复杂的_____。

2. 数据可视化的核心是采用_____来表达原始数据。

3. 数据可视化的功能包括数据的记录、_____和沟通。

4. Tableau 是一款功能非常强大的_____数据分析软件。

5. 启动 Tableau 后要做的第一件事是_____。

6. 在 Tableau 中对于数据的显示图形可以使用_____窗格中的按钮来进行修改。

7. 在 Tableau 中,当对数据集创建了多个视图后,就可以利用这些视图组成_____。

8. 使用 Tableau _____,可以显示事实间的关联、提供前后关系,以及演示决策与结果间的关系。

9. 在 Tableau 中,单击_____菜单中的"新建故事",打开故事视图。

10. Tableau 工作簿的发布最有效的方式是发布到 Tableau Online 和_____。

二、简答题

1. 比较数据可视化和大数据可视化。

2. 简述大数据可视化的过程。

3. 简述大数据可视化工具的特性。

4. 简述在 Tableau 中如何连接数据。

5. 简述在 Tableau 中如何创建故事。

第 **5** 章

Hadoop 概论

 导学

内容与要求

本章主要介绍 Hadoop 的应用现状及其架构。Hadoop 允许用户在集群服务器上使用简单的编程模型对大数据集进行分布式处理。

"Hadoop 简介"一节中介绍 Hadoop 的起源及功能与优势,要求了解 Hadoop 优势及应用现状。

"Hadoop 架构及组成"一节中介绍 Hadoop 的结构,要求了解其主要核心模块 HDFS 和 MapReduce,并了解其他模块的功能。

"Hadoop 应用分析"一节中通过对数据排序来了解 Hadoop 的工作机制。

重点、难点

本章重点是了解 Hadoop 的功能与特点,难点是了解各 Hadoop 核心模块的功能。

用户使用 Hadoop 开发分布式程序,可以在不了解分布式底层细节的情况下,充分利用集群的作用高速运算和存储。绝大多数从事大数据处理的行业和公司都借助 Hadoop 平台进行产品开发,并对 Hadoop 本身的功能进行拓展和演化,极大地丰富了 Hadoop 的性能。

5.1 Hadoop 简介

Hadoop 是一个由 Apache 基金会所开发的分布式系统基础架构。Hadoop 是以分布式文件系统（Hadoop Distributed File System，HDFS）和 MapReduce 等模块为核心，为用户提供细节透明的系统底层分布式基础架构。用户可以利用 Hadoop 轻松地组织计算机资源，搭建自己的分布式计算平台，并且可以充分地利用集群的计算和存储能力，完成海量数据的处理。

5.1.1 Hadoop 简史

1. Hadoop 起源

Hadoop 这个名称是由它的创始人 Doug Cutting 命名的，来源于 Doug Cutting 儿子的棕黄色大象玩具，它的发音是［hædu:p］。Hadoop 的图标如图 5-1 所示。

Hadoop 起源于 2002 年 Doug Cutting 和 Mike Cafarella 开发的 Apache Nutch 项目。Nutch 项目是一个开源的网络搜索引擎，Doug Cutting 主要负责开发的是大范围文本搜索库。随着互联网的飞速发展，Nutch 项目组意识到其构架无法扩展到拥有数十亿网页的网络，随后在 2003 年和 2004 年 Google 先后推出了两个支持搜索引擎而开发的软件平台。这两个平台一个是谷歌文件系统（Google File System，GFS），用于存储不同设备所产生的海量数据；另一个是 MapReduce，它运行在 GFS 之上，负责分布式大规模数据的

图 5-1　Hadoop 图标

计算。基于这两个平台，在 2006 年初，Doug Cutting 和 Mike Cafarella 从 Nutch 项目转移出来一个独立的模块，称为 Hadoop。

截至 2016 年初，Apache Hadoop 版本分为两代。第一代 Hadoop 称为 Hadoop 1.0，第二代 Hadoop 称为 Hadoop 2.0。第一代 Hadoop 包含三个版本，分别是 0.20.x、0.21.x 和 0.22.x。第二代 Hadoop 包含两个版本，分别是 0.23.x 和 2.x。其中，第一代 Hadoop 由一个分布式文件系统 HDFS 和一个离线计算框架 MapReduce 组成；第二代 Hadoop 则包含一个支持 NameNode 横向扩展的 HDFS，一个资源管理系统 Yarn 和一个运行在 Yarn 上的离线计算框架 MapReduce。相比之下，Hadoop 2.0 功能更加强大、扩展性更好并且能够支持多种计算框架。目前，最新的版本是 2016 年初发布的 Hadoop 2.7.2。Hadoop 的版本如表 5-1 所示。

表 5-1　Hadoop 的版本

Hadoop 版本	版 本 名 称	版 本 号	包 含 内 容
第一代	Hadoop 1.0	0.20.x、0.21.x、0.22.x	HDFS、MapReduce
第二代	Hadoop 2.0	0.23.x、2.x	HDFS、MapReduce、Yarn 等

2. Hadoop 特点

Hadoop 可以高效地存储并管理海量数据,同时分析这些海量数据以获取更多有价值的信息。Hadoop 中的 HDFS 可以提高读写速度和扩大存储容量,因为 HDFS 具有优越的数据管理能力,并且是基于 Java 语言开发的,具有容错性高的特点,所以 Hadoop 可以部署在低廉的计算机集群中。Hadoop 中的 MapReduce 可以整合分布式文件系统上的数据,保证快速地分析处理数据,与此同时还采用存储冗余数据来保证数据的安全性。

如早期使用 Hadoop 是在 Internet 上对搜索关键字进行内容分类。要对一个 10TB 的巨型文件进行文本搜索,使用传统的系统将需要耗费很长的时间。但是 Hadoop 在设计时就考虑到这些技术瓶颈问题,采用并行执行机制,因此能大大地提高效率。

5.1.2 Hadoop 应用和发展趋势

Hadoop 的应用获得了学术界的广泛关注和研究,已经从互联网领域向电信、电子商务、银行、生物制药等领域拓展。在短短的几年中,Hadoop 已经成为迄今为止最为成功、最广泛使用的大数据处理主流技术和系统平台,在各个行业尤其是互联网行业获得了广泛的应用。

1. 国外 Hadoop 的应用现状

1) Facebook

Facebook 使用 Hadoop 存储内部日志与多维数据,并以此作为报告、分析和机器学习的数据源。目前 Hadoop 集群的机器节点超过 1400 台,共计 11 200 个核心 CPU,超过 15PB 原始存储容量,每个商用机器节点配置了 8 核 CPU、12TB 数据存储,主要使用 Streaming API 和 Java API 编程接口。Facebook 同时在 Hadoop 基础上建立了一个名为 Hive 的高级数据仓库框架,Hive 已经正式成为基于 Hadoop 的 Apache 一级项目。

2) Yahoo

Yahoo 是 Hadoop 的最大支持者,Yahoo 的 Hadoop 机器总节点数目超过 42 000 个,有超过 10 万的核心 CPU 在运行 Hadoop。最大的一个单节点集群有 4500 个节点,每个节点配置了 4 核 CPU,4×1TB 磁盘。总的集群存储容量大于 350PB,每月提交的作业数目超过 1000 万个。

3) eBay

单集群超过 532 节点集群,单节点 8 核心 CPU,容量超过 5.3PB 存储。大量使用 MapReduce 的 Java 接口、Pig、Hive 来处理大规模的数据,还使用 HBase 进行搜索优化和研究。(Pig、Hive、HBase 参见 5.2.2 节)

4) IBM

IBM 蓝云也利用 Hadoop 来构建云基础设施。IBM 蓝云使用的技术包括 Xen 和 PowerVM 虚拟化的 Linux 操作系统映像及 Hadoop 并行工作量调度,并发布了自己的 Hadoop 发行版及大数据解决方案。

2. 国内 Hadoop 的应用现状

1) 百度

百度在 2006 年就开始关注 Hadoop 并开始调研和使用,其总的集群规模达到数十个,单集群超过 2800 台机器节点,Hadoop 机器总数有上万台机器,总的存储容量超过 100PB,

已经使用的超过 74PB，每天提交的作业数目有数千个之多，每天的输入数据量已经超过 7500TB，输出超过 1700TB。

2）阿里巴巴

阿里巴巴的 Hadoop 集群大约有 3200 台服务器，大约 30 000 物理 CPU 核心，总内存 100TB，总的存储容量超过 60PB，每天的作业数目超过 150 000 个，Hivequery 查询大于 6000 个，扫描数据量约为 7.5PB，扫描文件数约为 4 亿，存储利用率大约为 80％，CPU 利用率平均为 65％，峰值可以达到 80％。阿里巴巴的 Hadoop 集群拥有 150 个用户组、4500 个集群用户，为淘宝、天猫、一淘、聚划算、CBU、支付宝提供底层的基础计算和存储服务。

3）腾讯

腾讯也是使用 Hadoop 最早的中国互联网公司之一，腾讯的 Hadoop 集群机器总量超过 5000 台，最大单集群约为 2000 个节点，并利用 Hadoop-Hive 构建了自己的数据仓库系统。腾讯的 Hadoop 为腾讯各个产品线提供基础云计算和云存储服务。

4）京东

京东从 2013 年起，根据自身业务高速发展的需求，自主研发了京东 HadoopNameNode Cluster 解决方案。该方案主要为了解决两个瓶颈问题：一个是随着存储文件的增加，机器的内存会逐渐地增加，已经达到了内存的瓶颈；另一个是随着集群规模的扩大，要求快速响应客户端的请求，原有系统的性能出现了瓶颈。该方案以 ClouderaCDH3 作为基础，并在其上进行了大量的改造和自主研发。

3. Hadoop 的发展趋势

随着互联网的发展，新的业务模式还将不断涌现。在以后相当长一段时间内，Hadoop 系统将继续保持其在大数据处理领域的主流技术和平台的地位，同时其他种种新的系统也将逐步与 Hadoop 系统相互融合和共存。

从数据存储的角度看，前景是乐观的。用 HDFS 进行海量文件的存储，具有很高的稳定性。在 Hadoop 生态系统中，使用 HBase 进行结构化数据存储，其适用范围广，可扩展性强，技术比较成熟，在未来的发展中占有稳定的一席之地。

从数据处理的角度看，存在一定问题。MapReduce 目前存在问题的本质原因是其擅长处理静态数据，处理海量动态数据时必将造成高延迟。由于 MapReduce 的模型比较简单，造成后期编程十分困难，一个简单的计数程序也需要编写很多代码。相比之下，Spark 的简单高效能更好地适用于数据挖掘与机器学习等需要迭代的 MapReduce 的算法。有关 Spark 的介绍详见第 9 章。

Hadoop 作为大数据的平台和生态系统，已经步入稳步理性增长的阶段。未来，和其他技术一样，面临着自身新陈代谢和周围新技术的挑战，期待未来 Hadoop 跟上时代的发展，不断地更新改进相关技术，成为处理海量数据的基础平台。

5.2 Hadoop 的架构与组成

Hadoop 分布式系统基础框架具有创造性和极大的扩展性，用户可以在不了解分布式底层细节的情况下，开发分布式程序，充分利用集群的威力高速运算和存储。

Hadoop 的核心组成部分是 HDFS、MapReduce 以及 Common,其中 HDFS 提供了海量数据的存储,MapReduce 提供了对数据的计算,Common 为其他模块提供了一系列文件系统和通用文件包。

5.2.1　Hadoop 架构介绍

Hadoop 主要部分的架构如图 5-2 所示。Hadoop 的核心模块包含 HDFS、MapReduce 和 Common。HDFS 是分布式文件系统;MapReduce 提供了分布式计算编程框架;Common 是 Hadoop 体系最底层的一个模块,为 Hadoop 各模块提供基础服务。

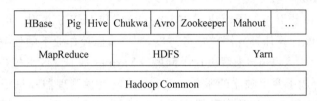

图 5-2　Hadoop 主要部分的架构

对比 Hadoop 1.0 和 Hadoop 2.0,其核心部分变化如图 5-3 所示。

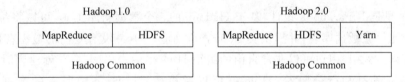

图 5-3　Hadoop 1.0 和 Hadoop 2.0 核心对比图

其中 Hadoop 2.0 中的 Yarn 是在 Hadoop 1.0 中的 MapReduce 基础上发展而来的,主要是为了解决 Hadoop 1.0 扩展性较差且不支持多计算框架而提出的。

5.2.2　Hadoop 组成模块

1. HDFS

HDFS 是 Hadoop 体系中数据存储管理的基础。它是一个高度容错的系统,能检测和应对硬件故障,用于在低成本的通用硬件上运行。HDFS 简化了文件的一致性模型,通过流式数据访问,提供高吞吐量应用程序数据访问功能,适合带有大型数据集的应用程序。关于 HDFS 的详细介绍参见第 6 章。

2. MapReduce

MapReduce 是一种编程模型,用于大规模数据集(大于 1TB)的并行运算。MapReduce 将应用划分为 Map 和 Reduce 两个步骤,其中 Map 对数据集上的独立元素进行指定的操作,生成键值对形式的中间结果。Reduce 则对中间结果中相同"键"的所有"值"进行规约,以得到最终结果。MapReduce 这样的功能划分,非常适合在大量计算机组成的分布式并行环境里进行数据处理。MapReduce 以 JobTracker 节点为主,分配工作以及负责和用户程序通信。关于 MapReduce 的详细介绍参见第 7 章。

3. Common

从 Hadoop 0.20 版本开始,Hadoop Core 模块更名为 Common。Common 是 Hadoop 的通用工具,用来支持其他的 Hadoop 模块。实际上 Common 提供了一系列文件系统和通用 I/O 的文件包,这些文件包供 HDFS 和 MapReduce 公用。它主要包括系统配置工具、远程过程调用、序列化机制和抽象文件系统等。它们为在廉价的硬件上搭建云计算环境提供基本的服务,并且为运行在该平台上的软件开发提供了所需的 API。其他 Hadoop 模块都是在 Common 的基础上发展起来的。

4. Yarn

Yarn 是 Apache 新引入的子模块,与 MapReduce 和 HDFS 并列。由于在老的框架中,作业跟踪器负责分配计算任务并跟踪任务进度,要一直监控作业下的任务的运行状况,承担的任务量过大,所以引入 Yarn 来解决这个问题。Yarn 的基本设计思想是将 MapReduce 中的 JobTracker 拆分成了两个独立的服务:一个全局的资源管理器和每个应用程序特有的,其中资源管理器负责整个系统的资源管理和分配,而应用程序管理器则负责单个应用程序的管理。

5. Hive

Hive 最早是由 Facebook 设计,基于 Hadoop 的一个数据仓库工具,可以将结构化的数据文件映射为一张数据库表,并提供类 SQL 查询功能。Hive 没有专门的数据存储格式,也没有为数据建立索引,用户可以非常自由的组织 Hive 中的表,只需要在创建表时告知 Hive 数据中的列分隔符和行分隔符,Hive 就可以解析数据。Hive 中所有的数据都存储在 HDFS 中,其本质是将 SQL 转换为 MapReduce 程序完成查询。

Hive 与 RDBMS(Rational DataBase Management System,关系数据库管理系统)对比,如表 5-2 所示。

表 5-2　Hive 与 RDBMS 对比

比 较 名 称	Hive	RDBMS
查询	实时性差	实时性强
计算模型	MapReduce	自己设计
存储文件系统	HDFS	服务器本地
处理数据规模	大	小
索引	无	有

6. HBase

HBase 即 HadoopDatabase,是一个分布式的、面向列的开源数据库。HBase 不同于一般的关系数据库,其一,HBase 是一个适合于存储非结构化数据的数据库;其二,HBase 是基于列而不是基于行的模式。用户将数据存储在一个表里,一个数据行拥有一个可选择的键和任意数量的列。由于 HBase 表示疏松的数据,用户可以给行定义各种不同的列。HBase 主要用于需要随机访问、实时读写的大数据。

HBase 与 Hive 的相同点是 HBase 与 Hive 都是架构在 Hadoop 之上的,都用 Hadoop

作为底层存储。其区别与联系,如表 5-3 所示。

表 5-3　HBase 与 Hive 对比

比较名称	HBase	Hive
用途	弥补 Hadoop 的实时操作	减少并行计算编写工作的批处理系统
检索方式	适用于索引访问	适用于全表扫描
存储	物理表	纯逻辑表
功能	HBase 只负责组织文件。	Hive 既要存储文件又需要计算框架
执行效率	HBase 执行效率高	Hive 执行效率低

7. Avro

Avro 由 Doug Cutting 牵头开发的,是一个数据序列化系统。类似于其他序列化机制,Avro 可以将数据结构或者对象转换成便于存储和传输的格式,其设计目标是用于支持数据密集型应用,适合大规模数据的存储与交换。Avro 提供了丰富的数据结构类型、快速可压缩的二进制数据格式、存储持久性数据的文件集、远程调用 RPC 和简单动态语言集成等功能。

8. Chukwa

Chukwa 是开源的数据收集系统,用于监控和分析大型分布式系统的数据。Chukwa 是在 Hadoop 的 HDFS 和 MapReduce 框架之上搭建的,它同时继承了 Hadoop 的可扩展性和健壮性。Chukwa 通过 HDFS 来存储数据,并依赖于 MapReduce 任务处理数据。Chukwa 中也附带了灵活且强大的工具,用于显示、监视和分析数据结果,以便更好地利用所收集的数据。

9. Pig

Pig 是一个对大型数据集进行分析和评估的平台。Pig 最突出的优势是它的结构能够经受住高度并行化的检验,这个特性让它能够处理大型的数据集。目前,Pig 的底层由一个编译器组成,它在运行的时候会产生一些 MapReduce 程序序列,Pig 的语言层由一种叫做 Pig Latin 的正文型语言组成。

5.3　Hadoop 应用分析

Hadoop 采用分而治之的计算模型,以对海量数据排序为例,对海量数据进行排序时可以参照编程快速排序法的思想。快速排序法的基本思想是在数列中找出适当的轴心,然后将数列一分为二,分别对左边与右边数列进行排序。

1. 传统的数据排序方式

传统的数据排序就是使一串记录按照其中的某个或某些关键字的大小递增或递减的排列起来的操作。排序算法是如何使得记录按照要求排列的方法,排序算法在很多领域得到相当地重视,尤其是在大量数据的处理方面。一个优秀的算法可以节省大量的资源。在各个领域中考虑到数据的各种限制和规范,要得到一个符合实际的优秀算法,得经过大量的推理和分析。

下面以快速排序为例,对数据集合 a(n) 从小到大的排序步骤如下。

(1) 首先设定一个待排序的元素 a(x)。

(2) 遍历要排序的数据集合 a(n),经过一轮划分排序后在 a(x) 左边的元素值都小于它,在 a(x) 右边的元素值都大于它。

(3) 再按此方法对 a(x) 两侧的这两部分数据分别再次进行快速排序,整个排序过程可以递归进行,以此达到整个数据集合变成有序序列。

2. Hadoop 的数据排序方式

设想如果将数据 a(n) 分割成 M 个部分,将这 M 个部分送去 MapReduce 进行计算,自动排序,最后输出内部有序的文件,再把这些文件首尾相连合并成一个文件,即可完成排序,操作具体步骤如表 5-4 所示。

表 5-4　大数据排序步骤

序号	步骤名称	具 体 操 作
1	抽样	对等待排序的海量数据进行抽样
2	设置断点	对抽样数据进行排序,产生断点,以便进行数据分割
3	Map	对输入的数据计算所处断点位置并将数据发给对应 ID 的 Reduce
4	Reduce	Reduce 将获得的数据进行输出

本章小结

短短几年间,Hadoop 从一种边缘技术成为事实上的企业大数据的标准,Hadoop 几乎成为大数据的代名词。作为一种用于存储和分析大数据开源软件平台,Hadoop 可处理分布在多个服务器中的数据,尤其适合处理来自手机、电子邮件、社交媒体、传感器网络和其他不同渠道的多样化、大负荷的数据。

本章对 Hadoop 的起源、功能与优势、应用现状和发展趋势进行了简要的介绍,重点讲解了 Hadoop 的各个功能模块。通过本章的学习,读者将会打下一个基本的 Hadoop 理论基础。

习题 5

一、填空题

1. Hadoop 是 Apache 软件基金会旗下的一个_____。

2. 截至 2016 年初,Apache Hadoop 版本分为_____代。

3. HDFS 是_____。

4. Pig 是_____。

5. HBase 是_____。

6. Avro 可以将数据结构或者对象转换成便于_____的格式,其设计目标是用于支持数据密集型应用,适合大规模数据的存储与交换。

7. Chukwa 是开源的_____,用于监控和分析大型分布式系统的数据。

8. Pig 的底层由一个编译器组成,它在运行的时候会产生一些_____程序序列。

二、简答题

1. 简述 Hadoop 第一代和第二代的区别。

2. 以表格形式阐述 HBase 与 Hive 的异同点。

3. 简述 Hadoop 在数据处理方面存在的问题。

第 **6** 章

HDFS 和 Common 概论

 导学

内容与要求

本章介绍 Hadoop 的核心模块 HDFS 和 Common,它们承担了 Hadoop 最主要的功能和任务。其中 HDFS 提供了海量数据的存储,Common 是 Hadoop 的通用工具,用来支持其他的 Hadoop 模块。

"HDFS 简介"一节介绍 HDFS 的相关概念和特点,要求掌握 HDFS 的体系结构和工作原理,了解 HDFS 的相关技术。

"Common 简介"一节介绍 Common 在 Hadoop 中的位置,要求了解 Common 的功能和主要工具包。

重点、难点

本章重点是 HDFS 的体系结构和工作原理,难点是理解 HDFS 的体系结构。

HDFS 和 Common 是 Hadoop 的核心模块,承担了 Hadoop 最主要的功能和任务。其中 HDFS 提供了海量数据的存储,Common 提供了一系列文件系统和通用 I/O 的文件包,这些文件包供 HDFS 及其他模块共同使用。

6.1 HDFS 简介

HDFS(Hadoop Distributed FileSystem,HDFS)是 Hadoop 架构下的分布式文件系统。HDFS 是 Hadoop 的一个核心模块,负责分布式存储和管理数据,具有高容错性、高吞吐量

等优点,并提供了多种访问模式。HDFS能做到对上层用户的绝对透明,使用者不需要了解内部结构就能得到HDFS提供的服务,并且HDFS提供了一系列的API,可以让开发者和研究人员快速地编写基于HDFS的应用。

6.1.1　HDFS的相关概念

由于HDFS分布式文件系统概念相对复杂,对其相关概念介绍如下。

Metadata是元数据,元数据信息包括名称空间、文件到文件块的映射、文件块到DataNode的映射三部分。

NameNode是HDFS系统中的管理者,负责管理文件系统的命名空间,维护文件系统的文件树及所有的文件和目录的元数据。在一个Hadoop集群环境中,一般只有一个NameNode,它成为了整个HDFS系统的关键故障点,对整个系统的运行有较大的影响。

Secondary NameNode是以备NameNode发生故障时进行数据恢复。一般在一台单独的物理计算机上运行,与NameNode保持通信,按照一定时间间隔保存文件系统元数据的快照。

DataNode是HDFS文件系统中保存数据的节点。根据需要存储并检索数据块,受客户端或NameNode调度,并定期向NameNode发送它们所存储的块的列表。

Client是客户端,HDFS文件系统的使用者,它通过调用HDFS提供的API对系统中的文件进行读写操作。

块是HDFS中的存储单位,默认为64MB。在HDFS中文件被分成许多一定大小的分块,作为单独的单元存储。

6.1.2　HDFS特性

HDFS被设计成适合运行在通用硬件(Commodity Hardware)上的分布式文件系统。它是一个高度容错性的系统,适合部署在廉价的机器上,能提供高吞吐量的数据访问,适合大规模数据集上的应用,同时放宽了一部分POSIX(Portable Operating System Interface,可移植操作系统接口)约束,实现流式读取文件系统数据的目的。HDFS的主要特性为以下几点。

1. 高效硬件响应

HDFS可能由成百上千的服务器所构成,每个服务器上都存储着文件系统的部分数据。构成系统的模块数目是巨大的,而且任何一个模块都有可能失效,这意味着总是有一部分HDFS的模块是不工作的,因此错误检测和快速、自动的恢复是HDFS重要特点。

2. 流式数据访问

运行在HDFS上的应用和普通的应用不同,需要流式访问它们的数据集。流式数据的特点是像流水一样,是一点一点"流"过来,而处理流式数据也是一点一点处理。如果是全部收到数据以后再处理,那么延迟会很大,而且在很多场合会消耗大量内存。HDFS的设计中更多地考虑到了数据批处理,而不是用户交互处理。较之数据访问的低延迟问题,更关键在于数据访问的高吞吐量。POSIX标准设置的很多硬性约束对HDFS应用系统不是必需的。为了提高数据的吞吐量,在一些关键方面对POSIX的语义做了一些修改。

3. 海量数据集

运行在 HDFS 上的应用具有海量数据集。HDFS 上的一个典型文件大小一般都在 GB 至 TB 级别。HDFS 能提供较高的数据传输带宽，能在一个集群里扩展到数百个节点。一个单一的 HDFS 实例能支撑数以千万计的文件。

4. 简单一致性模型

HDFS 应用采用"一次写入多次读取"的文件访问模型。一个文件经过创建、写入和关闭之后就不再需要改变，这一模型简化了数据一致性的问题，并且使高吞吐量的数据访问成为可能。MapReduce 应用和网络爬虫应用都遵循该模型。

5. 异构平台间的可移植性

HDFS 在设计的时候就考虑到平台的可移植性，这种特性方便了 HDFS 作为大规模数据应用平台的推广。

需要注意的是，HDFS 不适用于以下应用。

（1）低延迟数据访问。因为 HDFS 关注的是数据的吞吐量，而不是数据的访问速度，所以 HDFS 不适用于要求低延迟的数据访问应用。

（2）大量小文件。HDFS 中 NameNode 负责管理元数据的任务，当文件数量太多时就会受到 NameNode 容量的限制。

（3）多用户写入修改文件。HDFS 中的文件只能有一个写入者，而且写操作总是在文件结尾处，不支持多个写入者，也不支持在数据写入后，在文件的任意位置进行修改。

6.1.3 HDFS 体系结构

HDFS 采用了主从结构构建，NameNode 为 Master（主），其他 DataNode 为 Slave（从），文件以数据块的形式存储在 DataNode 中。NameNode 和 DataNode 都以 Java 程序的形式运行在普通的计算机上，操作系统一般采用 Linux。一个 HDFS 分布式文件系统的架构如图 6-1 所示。

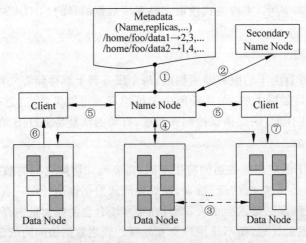

图 6-1　HDFS 架构图

其中：

（1）连线①：NameNode 是 HDFS 系统中的管理者，对 Metadata 元数据进行管理。负责管理文件系统的命名空间，维护文件系统的文件树及所有的文件和目录的元数据。

（2）连线②：当 NameNode 发生故障时，使用 Secondary NameNode 进行数据恢复。它一般在一台单独的物理计算机上运行，与 NameNode 保持通信，按照一定时间间隔保存文件系统元数据的快照，以备 NameNode 发生故障时进行数据恢复。

（3）连线③：HDFS 中的文件通常被分割为多个数据块，存储在多个 DataNode 中。DataNode 上存了数据块 ID 和数据块内容，以及它们的映射关系。文件存储在多个 DataNode 中，但 DataNode 中的数据块未必都被使用（如图 6-1 中的空白块）。

（4）连线④：NameNode 中保存了每个文件与数据块所在的 DataNode 的对应关系，并管理文件系统的命名空间。DataNode 定期向 NameNode 报告其存储的数据块列表，以备使用者直接访问 DataNode 获得相应的数据。DataNode 还周期性的向 NameNode 发送心跳信号，提示 DataNode 是否工作正常。DataNode 与 NameNode 还要进行交互，对文件块的创建、删除、复制等操作进行指挥与调度，只有在交互过程中收到了 NameNode 的命令后，才开始执行指定操作。

（5）连线⑤：Client 是 HDFS 文件系统的使用者，在进行读写操作时，Client 需要先从 NameNode 获得文件存储的元数据信息。

（6）连线⑥⑦：Client 从 NameNode 获得文件存储的元数据信息后，与相应的 DataNode 进行数据读写操作。

注释：心跳信号：心跳信号是每隔一段时间向互联的另一方发送一个很小的数据包，通过对方回复情况判断互联的双方之间的通信链路是否已经断开的方法。

6.1.4 HDFS 的工作原理

下面以一个文件 File A（大小 100MB）为例，说明 HDFS 的工作原理。

1. HDFS 的读操作

HDFS 的读操作原理较为简单，Client 要从 DataNode 上读取 File A。而 File A 由 Block1 和 Block2 组成，其流程如图 6-2 所示。

图 6-2 中，左侧为 Client，即客户端。File A 分成两块，Block1 和 Block2。右侧为 Switch，即交换机。HDFS 按默认配置将文件分布在 3 个机架上 Rack1、Rack2 和 Rack3。

过程步骤如下。

（1）Client 向 NameNode 发送读请求（如图 6-2 连线①）。

（2）NameNode 查看 Metadata 信息，返回 File A 的 Block 的位置（如图 6-2 连线②）。Block1 位置：host2，host1，host3；Block2 位置：host7，host8，host4。

（3）Block 的位置是有先后顺序的，先读 Block1，再读 Block2，而且 Block1 去 host2 上读取；然后 Block2 去 host7 上读取。

在读取文件过程中，DataNode 向 NameNode 报告状态。每个 DataNode 会周期性地向 NameNode 发送心跳信号和文件块状态报告，以便 NameNode 获取到工作集群中 DataNode

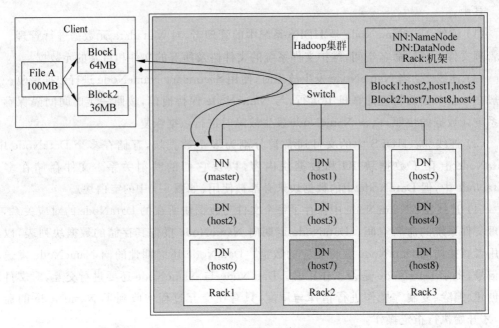

图 6-2　HDFS 读操作流程

状态的全局视图,从而掌握它们的状态。如果存在 DataNode 失效的情况时,NameNode 会调度其他 DataNode 执行失效节点上文件块的读取处理。

2. HDFS 的写操作

HDFS 中 Client 写入文件 File A 的原理流程如图 6-3 所示。

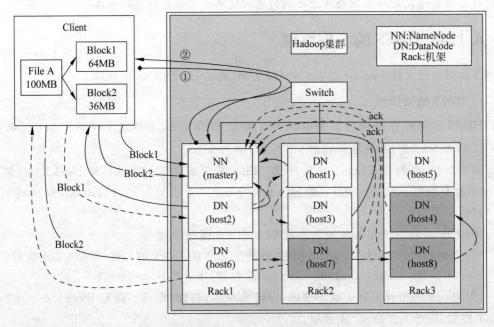

图 6-3　HDFS 写操作流程

（1）Client 将 File A 按 64MB 分块。分成两块，Block1 和 Block2。

（2）Client 向 NameNode 发送写数据请求（如图 6-3 连线①）。

（3）NameNode 记录着 Block 信息，并返回可用的 DataNode（如图 6-3 连线②）。

Block1 位置：host2，host1，host3 可用；Block2 位置：host7，host8，host4 可用。

（4）Client 向 DataNode 发送 Block1，发送过程是以流式写入。流式写入过程如下。

① 将 64MB 的 Block1 按 64KB 大小划分成 package。

② Client 将第一个 package 发送给 host2。

③ host2 接收完后，将第一个 package 发送给 host1；同时 Client 向 host2 发送第二个 package。

④ host1 接收完第一个 package 后，发送给 host3；同时接收 host2 发来的第二个 package。

⑤ 以此类推，直到将 Block1 发送完毕。

⑥ host2、host1、host3 向 NameNode，host2 向 Client 发送通知，说明消息发送完毕。

⑦ Client 收到 host2 发来的消息后，向 NameNode 发送消息，说明写操作完成。这样就完成 Block1 的写操作。

⑧ 发送完 Block1 后，再向 host7、host8、host4 发送 Block2。

⑨ 发送完 Block2 后，host7、host8、host4 向 NameNode，host7 向 Client 发送通知。

⑩ Client 向 NameNode 发送消息，说明写操作完成。

在写文件过程中，每个 DataNode 会周期性地向 NameNode 发送心跳信号和文件块状态报告。如果存在 DataNode 失效的情况时，NameNode 会调度其他 DataNode 执行失效节点上文件块的复制处理，保证文件块的副本数达到规定数量。

6.1.5 HDFS 的相关技术

在 HDFS 分布式存储和管理数据的过程中，为了保证数据的可靠性、安全性、高容错性等特点采用了以下技术。

1. 文件命名空间

HDFS 使用的系统结构是传统的层次结构。但是，在做好相应的配置后，对于上层应用来说，就几乎可以当成是普通文件系统来看待，忽略 HDFS 的底层实现。

上层应用可以创建文件夹，可以在文件夹中放置文件；可以创建、删除文件；可以移动文件到另一个文件夹中；可以重命名文件。但是，HDFS 还有一些常用功能尚未实现，例如硬链接、软链接等功能。这种层次目录结构跟其他大多数文件系统类似。

2. 权限管理

HDFS 支持文件权限控制，但是目前的支持相对不足。HDFS 采用了 UNIX 权限码的模式来表示权限，每个文件或目录都关联着一个所有者用户和用户组以及对应的权限码 rwx（read、write、execute）。每次文件或目录操作，客户端都要把完整的文件名传给 NameNode，每次都要对这个路径的操作权限进行判断。HDFS 的实现与 POSIX 标准类似，但是 HDFS 没有严格遵守 POSIX 标准。

3. 元数据管理

NameNode 是 HDFS 的元数据计算机,在其内存中保存着整个分布式文件系统的两类元数据:一是文件系统的命名空间,即系统目录树;二是数据块副本与 DataNode 的映射,即副本的位置。

对于上述第 1 类元数据,NameNode 会定期持久化,第 2 类元数据则靠 DataNode BlockReport 获得。

NameNode 把每次对文件系统的修改作为一条日志添加到操作系统本地文件中。比如,创建文件、修改文件的副本因子都会使得 NameNode 向编辑日志添加相应的操作记录。当 NameNode 启动时,首先从镜像文件 fsimage 中读取 HDFS 所有文件目录元数据加载到内存中,然后把编辑日志文件中的修改日志加载并应用到元数据,这样启动后的元数据是最新版本的。之后,NameNode 再把合并后的元数据写回到 fsimage,新建一个空编辑日志文件以写入修改日志。

由于 NameNode 只在启动时才合并 fsimage 和编辑日志两个文件,这将导致编辑日志文件可能会很大,并且运行得越久就越大,下次启动时合并操作所需要的时间就越久。为了解决这一问题,Hadoop 引入 Secondary NameNode 机制,Secondary NameNode 可以随时替换为 NameNode,让集群继续工作。

4. 单点故障问题

HDFS 的主从式结构极大地简化了系统体系结构,降低了设计的复杂度,用户的数据也不会经过 NameNode。但是问题也是显而易见的,单一的 NameNode 节点容易导致单点故障问题。一旦 NameNode 失效,将导致整个 HDFS 集群无法正常工作。此外,由于 Hadoop 平台的其他框架如 MapReduce、HBase、Hive 等都是依赖于 HDFS 的基础服务,因此 HDFS 失效将对整个上层分布式应用造成严重影响。Secondary NameNode 可以部分解决这个问题,但是需要切换 IP,手动执行相关切换命令,而且 NameNode 的数据不一定是最新的,存在一致性问题,不适合做 NameNode 的备用机。除了 Secondary NameNode,其他相对成熟的解决方案还有 Backup Node 方案、DRDB 方案、AvatarNode 方案。

5. 数据副本

HDFS 是用来为大数据提供可靠存储的,这些应用所处理的数据一般保存在大文件中。HDFS 存储文件时会将文件分成若干个块,每个块又会按照文件的副本因子进行备份。

同副本因子一样,块的大小也是可以配置的,并且在创建后也能修改。习惯上会设置成 64MB 或 128MB 或 256MB(默认是 64MB),但是块大小既不能太小也不能太大。

6. 通信协议

HDFS 是应用层的分布式文件系统,节点之间的通信协议都是建立在 TCP/IP 协议之上的。HDFS 有 3 个重要的通信协议,即 Client Protocol、Client DataNodeProtocol 和 DataNode Protocol。

7. 容错

HDFS 的设计目标之一是具有高容错性。集群中的故障主要有 Node Server 故障、网络故障和脏数据问题三类。

（1）Node Server 故障又包括 NameNode 故障和 DataNode 故障。Secondary NameNode 可以随时替换为 NameNode，让集群继续工作。NameNode 会通过心跳检测判断 DataNode 是否发生故障。

（2）对于网络故障，HDFS 采用了与 TCP 协议类似的处理方式：ACK 报文，即每次接收方收到数据后都会向发送方返回一个 ACK 报文，如果没收到 ACK 报文就认为接收方发生故障或者网络出现故障。

（3）由于 HDFS 的硬件配置都是比较廉价的，数据容易出错。为了防止脏数据问题，HDFS 的数据都配有校验数据。每隔一定时间，DataNode 会向 NameNode 发送 BlockReport 以报告自己的块信息，NameNode 收到 BlockReport 后，如果发现某个 DataNode 没有上报被认为是存储在该 DataNode 的块信息，就认为该 DataNode 的这个块是脏数据。

8. Hadoop Metrics 插件

Hadoop Metrics 插件是基于 JMX（Java Management Extensions，即 Java 管理扩展）实现的一个统计集群运行数据的工具，能让用户在不重启集群的情况下重新进行配置。从 Hadoop 0.20 开始 metrics 功能就默认启用了，目前使用的都是 Hadoop Metrics 2。

6.2 Common 简介

Common 为 Hadoop 的其他模块提供了一系列文件系统和通用文件包，主要包括系统配置工具 Configuration、远程过程调用 RPC、序列化机制和 Hadoop 抽象文件系统 FileSystem 等。从 Hadoop 0.20 版本开始，Hadoop Core 模块更名为 Common。Common 为在通用硬件上搭建云计算环境提供基本的服务，同时为软件开发提供了 API。

Common 模块结构如图 6-4 所示。

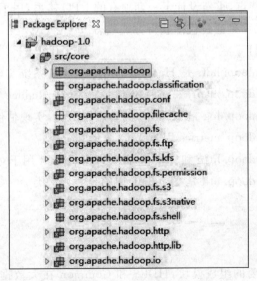

图 6-4 Common 模块结构

下面介绍 Common 模块中的主要程序包。

1. org. apache. hadoop. conf

该包的作用是读取集群的配置信息,很多配置的数据都需要从 org. apache. hadoop. conf 中去读取。Configuration 是 org. apache. hadoop. conf 包中的主类,Configuration 类中包含了 10 个属性。Hadoop 开放了许多的 get/set 方法来获取和设置其中的属性。

2. org. apache. hadoop. fs

该包主要包括了对文件系统的维护操作的抽象,包括文件的存储和管理,主要包含下面的子包。

(1) org. apache. hadoop. fs. ftp 提供了在 HTTP 协议上对于 Hadoop 文件系统的访问。

(2) org. apache. hadoop. fs. kfs 包含了对 KFS 的基本操作。

(3) org. apache. hadoop. fs. permission 可以对访问控制、权限进行设置。

(4) org. apache. hadoop. fs. s3 和 org. apache. hadoop. fs. s3native 包,这两个包中定义了对 as3 文件系统的支持。

3. org. apache. hadoop. io

该包实现了一个特有的序列化系统。Hadoop 的序列化机制具有快速、紧凑的特点。Hadoop 在 I/O 中的解压缩设计中通过 JNI(Java Native Interface,Java 本地接口)的形式调用第三方的压缩算法,如 Google 的 Snappy 框架。

4. org. apache. hadoop. ipc

该包用于 Hadoop 远程过程调用的实现。Java 的 RPC 最直接的体现就是 RMI 的实现,RMI 的实现是一个简陋版本的远程过程调用,但是由于 RMI 的不可定制性,所以 Hadoop 根据自己系统特点,重新设计了一套独有的 RPC 体系,用了 Java 动态代理的思想,RPC 的服务端和客户端都是通过代理获得方式取得。

其他包简单描述如下。

(1) org. apache. hadoop. hdfs 是 Hadoop 的分布式文件系统实现。

(2) org. apache. hadoop. mapreduce 是 Hadoop 的 MapReduce 实现。

(3) org. apache. hadoop. log 是 Hadoop 的日志帮助类,实现估值的检测和恢复。

(4) org. apache. hadoop. metrics 用于度量、统计和分析。

(5) org. apache. hadoop. http 和 org. apache. hadoop. net 用于对网络相关的封装。

(6) org. apache. hadoop. util 是 Common 中的公共方法类。

本章小结

作为 Hadoop 最重要的组成模块,HDFS 和 Common 在大数据处理过程中作用巨大。简单地说,在 Hadoop 平台下,HDFS 负责存储,Common 负责提供 Hadoop 各个模块常用的工具程序包。

本章重点讲解了 HDFS 的特点、体系结构、工作原理,介绍了 HDFS 的相关技术,最后简单介绍了 Common 的相关知识。通过本章的学习,将会了解 HDFS 和 Common 的理论基础。

习题 6

一、填空题

1. HDFS 和 Common 是_____的核心模块。

2. HDFS 是 Hadoop 构架下的_____,同时也是 GFS 的开源实现。

3. HDFS 负责分布式地_____和管理数据。

4. HDFS 提供了一系列的_____,拥有让开发者和研究人员快速编写基于 HDFS 的应用。

5. _____是 HDFS 系统中的管理者,负责管理文件系统的命名空间,维护文件系统的文件树及所有的文件和目录的元数据。

6. _____以备 NameNode 发生故障时进行数据恢复。

7. _____是 HDFS 文件系统中保存数据的节点。

8. HDFS 采用了_____结构构建。

9. HDFS 采用了主从结构构建,_____为主,其他 DataNode 为从。

10. 从 Hadoop 0.20 版本开始,Hadoop Core 模块更名为_____。

二、简答题

1. 简述 Metadata、NameNode、Secondary NameNode、DataNode、Client、块的概念。

2. 简述 HDFS 特点。

3. 简述 HDFS 架构图(如图 6-5 所示)。

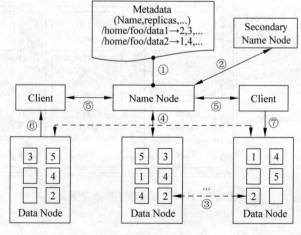

图 6-5 HDFS 架构图

4. 简述 HDFS 读操作工作原理（如图 6-6 所示）。

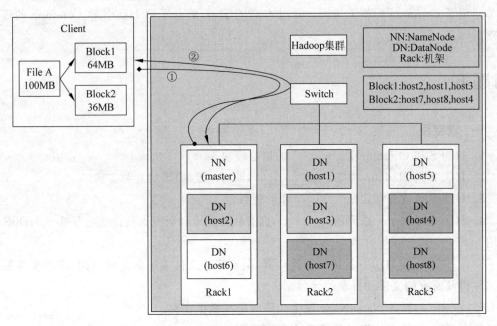

图 6-6　HDFS 读操作工作原理图

5. 简述 HDFS 写操作工作原理（如图 6-7 所示）。

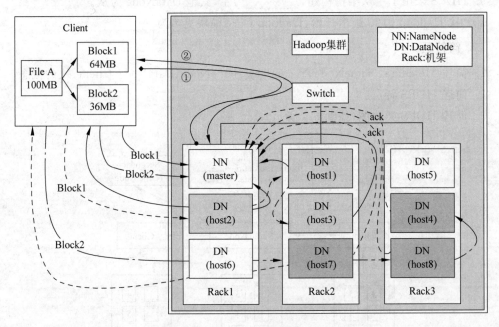

图 6-7　HDFS 写操作工作原理图

第 7 章

MapReduce 概论

 导学

内容与要求

MapReduce 是一个最先由 Google 公司开发的分布式计算框架,它可以支持大数据的分布式处理。MapReduce 是 Hadoop 的核心模块,承担了 Hadoop 的数据计算功能。

"MapReduce 简介"一节主要讲解 MapReduce 的功能、技术特征和局限。

"Map 和 Reduce 任务"一节主要讲解 Map(映射)与 Reduce(化简)的原理和流程。

"MapReduce 的架构和工作流程"一节主要讲解 MapReduce 的架构组成和 10 个工作步骤。

重点、难点

本章重点是 Map 和 Reduce 的原理和流程,难点是 MapReduce 的功能、技术特征、架构和工作流程。

与传统数据仓库和分析技术相比,MapReduce 适合处理各种类型的数据,包括结构化、半结构化和非结构化数据。HDFS 在 MapReduce 任务处理过程中提供了对文件操作和存储的支持,MapReduce 在 HDFS 的基础上实现任务的分发、跟踪、执行、计算等工作,并收集结果。

7.1 MapReduce 简介

大数据来源非常广泛,其数据格式多样,如多媒体数据、图像数据、文本数据、实时数据、传感器数据等,传统行列结构的数据库结构已经不能满足数据处理的需求,而 MapReduce 可以存放和分析各种原始数据格式。

7.1.1 MapReduce

MapReduce 是面向大数据并行处理的计算模型、框架和平台。它隐含了以下三层含义。

(1) MapReduce 是一个基于集群的高性能并行计算平台。它允许用普通的商用服务器构成一个包含数十、数百至数千个节点的分布和并行计算集群。

(2) MapReduce 是一个并行计算与运行软件框架。它提供了一个庞大但设计精良的并行计算软件框架,能自动完成计算任务的并行化处理,自动划分计算数据和计算任务,在集群节点上自动分配和执行任务以及收集计算结果,将数据分布存储、数据通信、容错处理等并行计算涉及到的很多系统底层的复杂细节交由系统负责处理。

(3) MapReduce 是一个并行程序设计模型与方法。它借助于函数式程序设计语言 Lisp 的设计思想,提供了一种简便的并行程序设计方法,用 Map 和 Reduce 两个函数编程实现基本的并行计算任务,提供了抽象的操作和并行编程接口,以简单方便地完成大规模数据的编程和计算处理。

下面,利用 MapReduce 解决一个有趣的扑克牌问题,即"统计 54 张扑克牌中有多少张♠?",如图 7-1 所示。

图 7-1　54 张扑克牌中有多少张♠

最直观的做法:自己从 54 张扑克牌中一张一张地检查并数出 13 张♠。

而 MapReduce 的做法及步骤如下。

(1) 给在座的所有牌友(比如 4 个人)尽可能地平均分配这 54 张牌。

(2) 让每个牌友数自己手中的牌有几张是♠,比如老张是 3 张,老李是 5 张,老王是 1 张,老蒋是 4 张,然后每个牌友把♠的数目分别汇报给发牌人。

(3) 发牌人把所有牌友的♠数目加起来,得到最后的结论为♠一共 13 张。

这个例子告诉我们,MapReduce 的两个主要功能是 Map 和 Reduce。

- Map:把统计♠数目的任务分配给每个牌友分别计数。
- Reduce:每个牌友不需要把♠牌递给发牌人,而是让他们把各自的♠数目告诉发牌人。

我们还可以将问题细化。

(1) 把牌分给多个牌友并且让他们同时各自计数,这就是并行计算。多个牌友在计数♠的过程中并不需要知道其他的牌友在干什么,这就是分布式计算。

(2) MapReduce 假设扑克牌是洗过的(Shuffled),且扑克牌分配得尽量均匀。如果所有♠都分到了一个玩家手上,则该玩家数牌的过程可能比其他人要慢很多。

(3) 如果牌友足够多的话,MapReduce 还能够解决更有趣的问题,比如"54 张扑克牌的平均值是什么(大、小王分别算 0)?"MapReduce 可以提炼成"所有扑克牌牌面的数值的和"及"一共有多少张扑克牌"这两个问题来解决。显然,用牌面的数值的和除以扑克牌的张数就得到了平均值。

MapReduce 的工作机制远比本节所举的小例子复杂得多,但是基本思想是类似的,即通过分散计算来分析海量数据。

7.1.2 MapReduce 功能、特征和局限性

MapReduce 为程序员提供了一个抽象的、高层的编程接口和框架,程序员仅需要关心其应用层的具体计算问题,仅需编写少量的程序代码即可。

1. MapReduce 功能

MapReduce 功能是采用分而治之的思想,把对大规模数据集的操作分发给一个主节点管理下的各个分节点共同完成,然后通过整合各个节点的中间结果,得到最终结果。

MapReduce 实现了两个功能,Map 把一个函数应用于集合中的所有成员,然后返回一个基于这个处理的结果集;Reduce 是对多个进程或者独立系统并行执行,将多个 Map 的处理结果集进行分类和归纳。MapReduce 易于实现且扩展性强,可以通过它编写出同时在多台主机上运行的程序。

以图形归类为例,其功能示意图如图 7-2 所示,实现步骤如下。

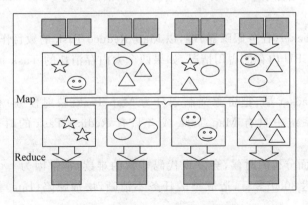

图 7-2 MapReduce 功能示意图

（1）首先使用 Map 对输入的数据集进行分片，如将一个☆和一个☺分成一个数据片，将一个☆、一个△和一个○分成一个数据片等。

（2）然后将各种图形进行归纳整理，如把两个☆归成一类，三个○归成一类等进行输出，并将输出结果作为 Reduce 的输入。

（3）最后由 Reduce 进行聚集并输出各个图形的个数，如☆有 2 个、△有 4 个等。

2. MapReduce 特征

目前 MapReduce 可以进行数据划分、计算任务调度、系统优化及出错检测和恢复等操作，在设计上具有以下三方面的特征。

1）易于使用

通过 MapReduce 这个分布式处理框架，不仅能用于处理大规模数据，而且能将很多烦琐的细节隐藏起来。传统编程时程序员需要经过长期培训来熟悉大量编程细节，而 MapReduce 将程序员与系统层细节隔离开来，即使是对于完全没有接触过分布式程序的程序员来说也能很容易的掌握。

2）良好的伸缩性

MapReduce 的伸缩性非常好，每增加一台服务器，就能将该服务器的计算能力接入到集群中，并且 MapReduce 集群的构建大多选用价格便宜、易于扩展的低端商用服务器，基于大量数据存储需要，低端服务器的集群远比基于高端服务器的集群优越。

3）适合大规模数据处理

MapReduce 可以进行大规模数据处理，应用程序可以通过 MapReduce 在超过 1000 个以上节点的大型集群上运行。

3. MapReduce 的局限性

MapReduce 在最初推出的几年，获得了众多的成功案例，获得业界广泛的支持和肯定，但随着分布式系统集群的规模和其工作负荷的增长，MapReduce 存在的问题逐渐地浮出水面，总结如下（其中的术语参见 7.2 节）。

（1）Jobtracker（作业跟踪器）是 Mapreduce 的集中处理点，存在单点故障。

（2）Jobtracker 完成了太多的任务，造成了过多的资源消耗，当 Job 非常多的时候，会造成很大的内存开销，增加了 Jobtracker 失败的风险，旧版本的 MapReduce 只能支持上限为 4000 节点的主机。

（3）在 Tasktracker（任务跟踪器）端，以 Map/Reduce Task 的数目作为资源的表示过于简单，没有考虑到 CPU 内存的占用情况，如果两个大内存消耗的 Task 被调度到了一块，很容易出现内存溢出。

（4）在 Tasktracker 端，把资源强制划分为 Map Task（映射任务）和 Reduce Task（化简任务），如果当系统中只有 Map Task 或者只有 Reduce Task 的时候，会造成资源的浪费。

（5）源代码层面分析的时候，会发现代码非常的难读，常常因为一个类（Class）做了太多的事情，代码量达 3000 多行，造成类的任务不清晰，增加缺陷（Bug）修复和版本维护的难度。

（6）从操作的角度来看，MapReduce 在诸如缺陷修复、性能提升和特性化等并不重要的系统更新时,都会强制进行系统级别的升级。更糟糕的是,MapReduce 不考虑用户的喜好,强制让分布式集群中的每一个 Client 同时更新。

7.2　Map 和 Reduce 任务

Map 是一个映射函数,该函数可以对列表中的每一个元素进行指定的操作。

Reduce 是一个化简函数,该函数可以对列表中的元素进行适当的合并、归约。

Map 和 Reduce 是 MapReduce 的主要工作思想,用户只需要实现 Map 和 Reduce 两个接口,即可完成 TB 级数据的计算。

Map 和 Reduce 的工作流程如图 7-3 所示。

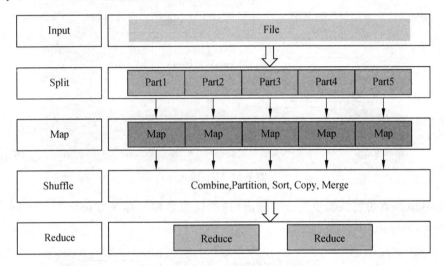

图 7-3　Map 和 Reduce 的工作流程

将 Map 和 Reduce 的工作流程及步骤简单概括如下。

(1) 输入数据通过 Split[①] 的方式,被分发到各个节点上。

(2) 每个 Map 任务在一个 Split 上面进行处理。

(3) Map 任务输出中间数据。

(4) 在 Shuffle[②] 过程中,节点之间进行数据交换。

(5) 拥有同样 Key 值的中间数据即键值对[③](Key-Value Pair)被送到同样的 Reduce 任务中。

(6) Reduce 执行任务后,输出结果。

提示:前 4 步为 Map 过程,后 2 步为 Reduce 过程。

下面,以求东三省 2016 年 5 月 16 日 14:00 每个省份的平均气温为例(为使问题简化,

---

① Split 意为分片,是 Map 任务最小的输入单位。分片是基于文件基础上衍生出来的概念,可通俗地理解成一个文件可以切分为多少个片段,每个片段包括了<文件名,开始位置,长度,位于哪些主机>等信息。

② Shuffle 意为洗牌,一般包含本地化混合、分区、排序、复制及合并等。

③ 键值对是指 Key 和 Value 之间的映射关系,一个 Key 值对应一个 Value,其中 Value 的类型和取值范围等都是任意的。

每个省只列举 3 个城市),对 Map 任务和 Reduce 任务进行形象的阐述。

(1) 在 Map 阶段输入< Key,Value >数据,其中 Key 为城市的名称,Value 为所属省份,城市平均气温,如图 7-4 所示。

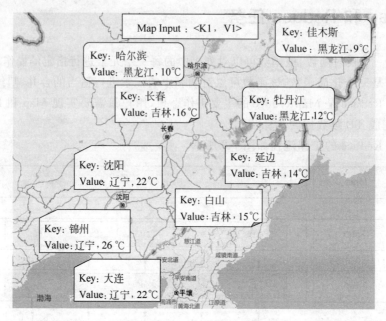

图 7-4　Map 输入

(2) Map 按省份将气温重新分组输出(排除城市名称),那么省份作为 Key 时,气温将作为 Value,如图 7-5 所示。

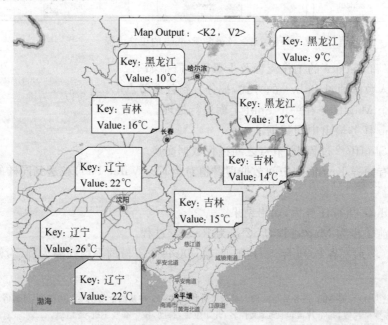

图 7-5　Map 输出

（3）使用 Map 的 Shuffle 功能，分组输出省份 Key，并得到该省的气温列表 List＜Value＞，如图 7-6 所示。

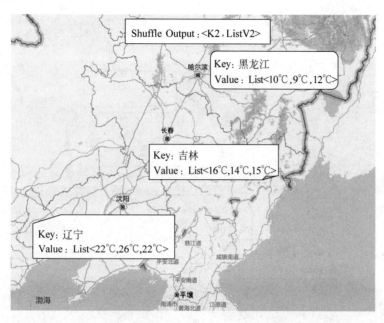

图 7-6　Shuffle 输出

（4）将从 Shuffle 任务中获得的 Key、List＜Value＞数据作为 Reduce 任务的输入数据，如图 7-7 所示。

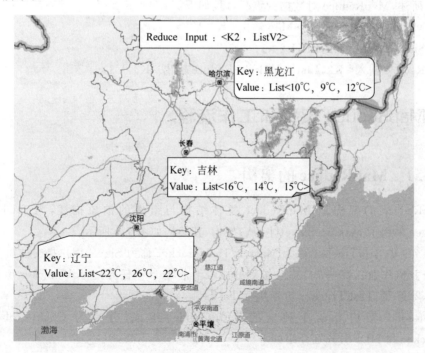

图 7-7　Reduce 输入

（5）Reduce 任务是数据逻辑的完成者，在这里就是计算各省份的平均温度，如图 7-8
所示。

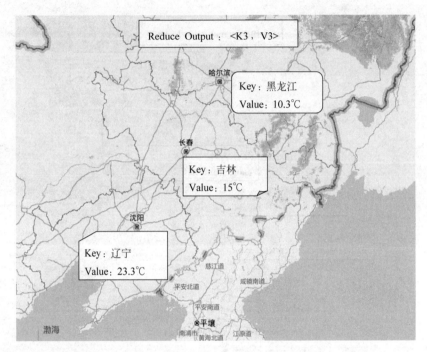

图 7-8　Reduce 输出

综上所述，MapReduce 对数据的重塑过程如下。

（1）Map 输入< K1，V1 >→Map 输出< K2，V2 >。

（2）Shuffle 输出< K2，ListV2 >。

（3）Reduce 输入< K2，List < V2 >>→Reduce 输出< K3，V3 >。

7.3　MapReduce 架构和工作流程

7.3.1　MapReduce 的架构

MapReduce 的架构是 MapReduce 整体结构与组件的抽象描述，与 HDFS 类似，
MapReduce 采用了 Master/Slave（主/从）架构，其架构如图 7-9 所示。

在图 7-9 中，JobTracker 称为 Master，TaskTracker 称为 Slave，用户提交的需要计算的
作业称为 Job（作业），每一个 Job 会被划分成若干个 Tasks（任务）。JobTracker 负责 Job 和
Tasks 的调度，而 TaskTracker 负责执行 Tasks。

MapReduce 架构由 4 个独立的节点（Node）组成，分别为 Client、JobTracker、
TaskTracker 和 HDFS，分别介绍如下。

（1）Client：用来提交 MapReduce 作业。

（2）JobTracker：用来初始化作业、分配作业并与 TaskTracker 通信并协调整个作业。

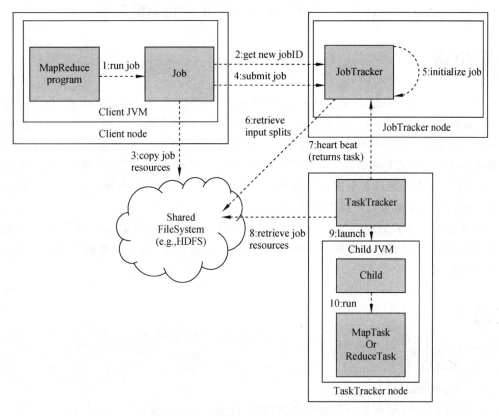

图 7-9   MapReduce 架构图

（3）TaskTracker：将分配过来的数据片段执行 MapReduce 任务，并保持与 JobTracker 通信。

（4）HDFS：用来在其他节点间共享作业文件。

7.3.2   MapReduce 的工作流程

结合图 7-9，MapReduce 的工作流程可简单概括为以下 10 个工作步骤。

（1）MapReduce 在客户端启动一个作业。

（2）Client 向 JobTracker 请求一个 JobID。

（3）Client 将需要执行的作业资源复制到 HDFS 上。

（4）Client 将作业提交给 JobTracker。

（5）JobTracker 在本地初始化作业。

（6）JobTracker 从 HDFS 作业资源中获取作业输入的分割信息，根据这些信息将作业分割成多个任务。

（7）JobTracker 把多个任务分配给在与 JobTracker 心跳（即心跳信号）通信中请求任务的 TaskTracker。

（8）TaskTracker 接收到新的任务之后会首先从 HDFS 上获取作业资源，包括作业配置信息和本作业分片的输入。

（9）TaskTracker 在本地登录子 JVM(Java Virtual Machine)。

(10) TaskTracker 启动一个 JVM 并执行任务,并将结果写回 HDFS。

本章小结

MapReduce 是 Hadoop 最重要的组成模块之一。MapReduce 由 Map 和 Reduce 两部分用户程序组成,利用框架在计算机集群上根据需求运行多个程序实例来处理各个子任务,然后再对结果进行归并输出。在实际的工作环境中,MapReduce 的分布式处理框架常用于分布式 Grep、分布式排序、Web 访问日志分析、反向索引构建、文档聚类、机器学习、数据分析、基于统计的机器翻译和生成整个搜索引擎的索引等大规模数据处理工作,并且已经在很多国内知名的互联网公司得到广泛地应用。

本章重点讲解了 MapReduce 的功能、技术特征、原理、架构和工作流程等方面的知识。通过本章的学习,读者将会了解并掌握 MapReduce 的理论知识,为大数据方向的深入学习打下初步的基础。

习题 7

一、填空题

1. MapReduce 是_____。
2. MapReduce 适合处理各种类型的数据,包括_____数据。
3. MapReduce 采用了_____架构。
4. Map 功能是_____,然后返回一个基于这个处理的结果集。
5. Reduce 功能是_____,将多个 Map 的处理结果集进行分类和归纳。
6. _____意为分片,是 Map 任务最小的输入单位。
7. Shuffle 意为洗牌,一般包含本地化_____等操作。
8. 键值对是指 Key 和 Value 之间的_____关系,一个 Key 值对应一个 Value。
9. JobTracker 负责_____和 Tasks 的调度。
10. 用户提交的每一个 Job 会被划分成若干个_____。

二、简答题

1. 简述 MapReduce 的功能。
2. 简述 MapReduce 的技术特征。
3. 简述 MapReduce 的局限(至少列举出 3 点)。
4. 简述 Map 和 Reduce 的工作流程。
5. 简述 MapReduce 架构由哪些节点组成,各自的功能是什么。

第 **8** 章

NoSQL 概论

 导学

内容与要求

本章主要介绍 NoSQL 的相关基础知识和 4 种类型数据管理方法(包括键值存储、列存储、面向文档存储和图形存储)的特点、数据管理的基本原理及典型工具。

在"NoSQL 简介"一节中,介绍 NoSQL 的含义、产生与特点。

在"NoSQL 技术基础"一节中,介绍一些与 NoSQL 相关的基本知识,包括一致性策略、分区与放置策略、复制与容错技术和缓存技术等。

在"NoSQL 的种类"一节中,介绍 NoSQL 的 4 种主要分类。

在"典型的 NoSQL 工具"一节中,针对 4 种类型的数据存储方式,分别介绍其典型工具。

重点、难点

本章重点是掌握 NoSQL 的基本知识以及分类,难点是 4 种不同类型的数据管理方法的工作原理及典型工具。

NoSQL 越来越多地被认为是关系型数据库的可行替代品,特别适用于大数据的存储。传统的关系型数据库因其对数据模式的约束程度高和对分布式存储的支持度差等因素,已经无法满足复杂、海量的数据存储。针对目前数据表现出的数量大、结构复杂、格式多样、存储要求不一致等特点,许多新兴的打破关系模型的数据存储方案应运而生,人们将其称为 NoSQL。通常情况下,人们把 NoSQL 解释为非结构化或是非关系型数据管理方法,其实更加准确的解释应该是 NoSQL--Not Only SQL,即不仅仅是关系型数据。

8.1　NoSQL 简介

8.1.1　NoSQL 的含义

NoSQL 泛指非关系型的数据管理技术。如果说 Hadoop 是一个产品，那么 NoSQL 就是一项技术。实际上，和处理常规数据一样，任何为处理大数据而服务的产品也都要选择符合实际情况的数据管理方式。由于网络上数据量激增，传统关系型数据库不能满足生活、生产需要，越来越多的人开始放弃严整、规矩的关系模型，另辟蹊径地去拓展研发新型的数据存储方式，如键值存储、列存储、面向文档存储和图形存储等，这些都属于 NoSQL 的范畴。

HDFS 在 Hadoop 中扮演数据存储的角色，可以将任何类型的文件按照分布式的方法进行存储。而 NoSQL 更侧重于数据管理层面，可以应用于结构化、半结构化和非结构化数据存储。举一个例子，Hadoop 中的 HBase 正是采用 NoSQL 中的列存储方式对数据进行管理的。在 Hadoop 的架构中，Hbase 利用 HDFS 文件系统中存放的数据来解决特定的数据处理问题。这期间，HDFS 为 HBase 提供了高可靠性的底层存储支持，MapReduce 为 HBase 提供了高性能的计算能力。

8.1.2　NoSQL 的产生

随着大数据时代的到来及互联网 Web 2.0 网站的兴起，传统的关系型数据库在应付海量数据存储和读取，以及超大规模、高并发的 Web 2.0 纯动态网站的数据处理方面已经显得力不从心，同时也暴露出很多难以克服的问题。而非关系型的数据管理方法则由于其本身的特点得到了非常迅速的发展。NoSQL 技术的产生就是为了应对这一挑战。NoSQL 的概念最初在 2009 年被提出，对传统的数据管理方式是一次颠覆性的改变。

NoSQL 有很多种存储方式，拥有很多家族成员，NoSQL 的中文网站如图 8-1 所示，其中包括键值存储、面向文档存储、列存储、图形存储和 xml 数据存储等。其实在 NoSQL 的概念被提出之前，这些数据存储方式就已经被用于各种系统当中，只是很少被用于 Web 互联网应用中。

NoSQL 兴起的主要原因主要是传统的关系型数据库在网络数据存取上遇到了瓶颈。不得不说，传统的关系型数据库具有卓越的性能，高稳定性，且使用简单，功能强大，这使得传统的关系型数据库在 20 世纪 90 年代，网站访问数据量不是很大的情况下，发挥了令人瞩目的作用。

面临这些大数据管理的困扰，非关系型数据管理方式越来越被人们重视，并迅速发展。人们把这些有别于传统关系型数据库的数据管理技术统称为 NoSQL 技术。

在这里可以看到 NoSQL 的多个种类及各自的典型产品。

8.1.3　NoSQL 的特点

NoSQL 技术之所以能够在大数据冲击互联网的情况下脱颖而出，主要是因为其具有以下特点。

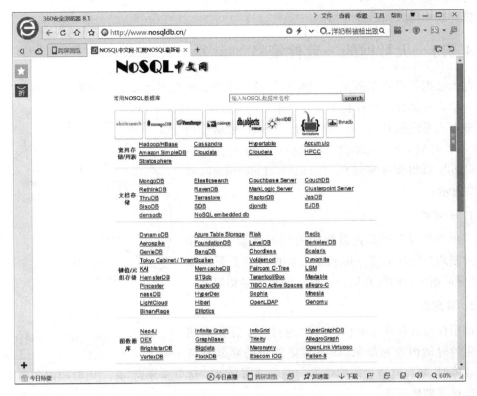

图 8-1 NoSQL 中文网站

（1）易扩展性。尽管 NoSQL 数据库种类繁多，但是它们都有一个共同的特点，就是没有了关系型数据库中的数据与数据之间的关系。很显然，当数据之间不存在关系时，数据的可扩展性就变得可行了。

（2）数据量大，性能高。NoSQL 数据库都具有非常高的读写性能，尤其在大数据量下，同样表现优秀。这得益于它的无关系性，数据之间的结构简单。一般情况下，关系型数据库使用的是 Cache 在"表"这一层面的更新，是一种大粒度的 Cache 更新，当网络上的数据发生频繁交互时，就表现出了明显劣势。而 NoSQL 使用的是 Cache 在"记录"层面的更新，是一种细粒度的 Cache 更新，所以 NoSQL 在这个方面上也显示了较高的性能特点。

（3）灵活的数据模型。由于 NoSQL 无须事先为要存储的数据建立字段，所以在应用中随时可以存储自定义的数据格式。而在关系数据库里，增删字段是一件非常麻烦的事情，尤其对数据量非常大的表而言，随时更改表结构几乎是无法实现的。而这一点在大数据量的 Web 2.0 时代尤为重要。

（4）高可用性。NoSQL 在不太影响性能的情况，就可以方便地实现高可用的架构，比如 Cassandra、HBase 模型等。

8.2 NoSQL 技术基础

NoSQL 技术对大数据的管理是怎么实现的呢？其中又要遵循哪些基本原则呢？本节为读者在大数据的一致性策略、大数据的分区与放置策略、大数据的复制与容错技术及大数据的缓存技术等方面进行介绍。

8.2.1　大数据的一致性策略

在大数据管理的众多方面,数据的一致性理论是实现对海量数据进行管理的最基本的理论。学习这部分内容有利于读者对本章内容的阅读和深化理解。

分布式系统的 CAP 理论是构建 NoSQL 数据管理的基石。CAP,即一致性(Consistency)、可用性(Availability)和分区容错性(Partition Tolerance),如图 8-2 所示。

图 8-2　CAP 理论 3 个特性

1.　一致性

一致性是指在分布式系统中的所有数据备份,在同一时刻均为同样的值。也就是当数据执行更新操作时,要保证系统内的所有用户读取到的数据是相同的。

2.　可用性

可用性是指在系统中任何用户的每一个操作均能在一定的时间内返回结果,即便当集群中的部分节点发生故障时,集群整体仍能响应客户端的读写请求。这里要强调"在一定时间内",而不是让用户遥遥无期地等待。

3.　分区容错性

以实际效果而言,分区相当于对通信的时限要求。系统如果不能在时限内达成数据一致性,就意味着发生了分区的情况,必须就当前操作在一致性和可用性之间做出选择。

从上面的解释不难看出,系统不能同时满足一致性、可用性和分区容错性这 3 个特性,在同一时间只能满足其中的两个,如图 8-3 所示。因此系统设计者必须在这 3 个特性中做出抉择。

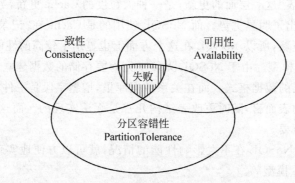

图 8-3　CAP 理论 3 个特性之间的关系

8.2.2　大数据的分区与放置策略

在大数据时代,如何有效地存储和处理海量的数据显得尤为重要。如果使用传统方法处理这些数据,所消耗的时间代价将十分巨大,这是人们无法接受的,所以必须打破传统的将所有数据都存放在一处,每次查找、修改数据都必须遍历整个数据集合的方法。数据分区技术与放置策略的出现正是为了解决数据存储空间不足及如何提高数据库性能等方面问题的。

1. 大数据分区技术

通俗地讲,数据分区其实就是"化整为零",通过一定的规则将超大型的数据表分割成若干小块来分别处理。表进行分区时需要使用分区键来标志每一行属于哪一个分区,分区键以列的形式保存在表中。

数据分区可以提高数据的可管理性,改善数据库性能和数据可用性,缩小了每次数据查询的范围,并且在对数据进行维护时,可以只针对某一特定分区,大幅地提高数据维护的效率。

下面介绍几种常见的数据分区算法。

1)范围分区

范围分区是最早出现的数据分区算法,也是最为经典的一个。所谓范围分区,就是将数据表内的记录按照某个属性的取值范围进行分区。

2)列表分区

列表分区主要应用于各记录的某一属性上的取值为一组离散数值的情况,且数据集合中该属性在这些离散数值上的取值重复率很高。采用列表分区时,可以通过所要操作的数据直接查找到其所在分区。

3)哈希分区

哈希分区需要借助哈希函数,首先把分区进行编号,然后通过哈希函数来计算确定分区内存储的数据。这种方法要求数据在分区上的分布是均匀的。

以上3种分区算法的特点和适用范围各异,在选择使用时应充分地考虑实际需求和数据表的特点,这样才能真正发挥数据分区在提高系统性能上的作用。

2. 大数据放置策略

为解决海量数据的放置问题,涌现了很多数据放置的算法,大体上可以分为两大类:顺序放置策略和随机放置策略。采用顺序放置策略是将各个存储节点看成是逻辑有序的,在对数据副本进行分配时先将同一数据的所有副本编号,然后采用一定的映射方式将各个副本放置到对应序号的节点上;随机放置策略通常是基于某一哈希函数来实现对数据的放置的,所以这里所谓的随机其实也是有规律的,很多时候称其为伪随机放置策略。

8.2.3 大数据的复制与容错技术

在大数据时代,每天都产生需要处理的大量的数据,在处理数据的过程中,难免会有差错,这可能会导致数据的改变和丢失。为了避免这些数据错误的出现,必须对数据进行及时的备份,这就是数据复制的重要性。同时,一旦出现数据错误,系统还要具备故障发现及处理故障的能力。

数据复制技术在处理海量数据过程中虽然是必不可少的,但是,对数据进行备份也要付出相应的代价。首先,数据的备份带来了大量的时间代价和空间代价;其次,为了减少时间和空间上的代价,研究人员投入大量的时间、人力和物力来研发提升新的数据复制策略;另外,在数据备份的过程中往往会出现意想不到的差错,此时就需要数据容错技术和相应的故障处理方案进行辅助。

构成分布式系统的计算机五花八门,每台计算机又是由各式各样的软硬件组成的,所以在整个系统中可能随时会出现故障或错误。这些故障和错误往往是随机产生的,用户无法做到提前预知,甚至是当问题发生时都无法及时察觉。如果一个系统能够对无法预期的软硬件故障做出适当的对策和应变措施,那么就可以说这个系统具备一定的容错能力。

系统故障主要可以分为以下几类,如表 8-1 所示。

表 8-1　分布式环境下的系统故障类型

故障类型	故障子类	故 障 语 义
崩溃故障	失忆型崩溃	服务器崩溃(停机),但停机前工作正常
		服务器只能从初始状态,遗忘了崩溃前的状态
	中顿型崩溃	服务器可以从崩溃前的状态启动
	停机型崩溃	服务器完全停机
失职故障	接收型失职	服务器对输入的请求没有响应
		服务器无法接收信件
	发送型失职	服务器无法发送信件
应答故障	返回值故障	服务器对服务请求做出错误反应
		返回值出现错误
	状态变迁故障	服务器偏离正确的运行轨迹
时序故障		服务器反应迟缓,超出规定的时间间隔
随意故障		服务器在任意时间产生的随意错误

处理故障的基本方法有主动复制、被动复制和半主动复制。所谓主动复制指的是所有的复制模块协同进行,并且状态紧密同步。被动复制是指只有一个模块为动态模块,其他模块的交互状态由这一模块的检查单定期更新。半主动复制是前两种的混合方法,所需的恢复开销相对较低。

8.2.4　大数据的缓存技术

单机的数据库系统引入缓存技术是为了在用户和数据库之间建立一层缓存机制,把经常访问的数据常驻于内存缓冲区,利用内存高速读取的特点来提高用户对数据查询的效率。在分布式环境下,由于组成系统的各个节点配置和使用的数据库系统及文件系统不尽相同,要想在这样复杂的环境下提高对海量数据的查询效率,仅仅依靠单机的缓存技术就行不通了。

与单机的缓存技术目的相同,分布式缓存技术的出现也是为了提高系统的数据查询性能。另外,为整个系统建立一层缓冲,也便于在不同节点之间进行数据交换。分布式缓存可以横跨多个服务器,所以可以灵活地进行扩展。

从图 8-4 中不难看出,如果各种.NET 应用、Web 服务和网格计算等应用程序在短时间内集中频繁的访问数据库服务器,很有可能会导致其瘫痪而无法工作。如果在应用程序和数据库之间加上一道缓冲屏障则可以解决这一问题。

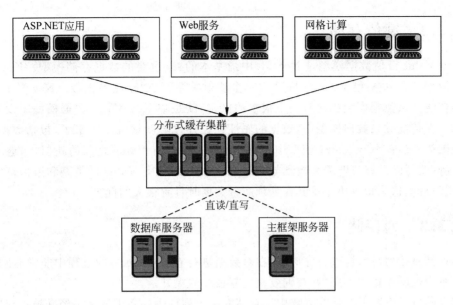

图 8-4　分布式系统数据读取示意图

8.3　NoSQL 的类型

为了解决传统关系型数据库无法满足大数据需求的问题,目前涌现出了很多种类型的 NoSQL 数据库技术。NoSQL 数据库种类之所以如此众多,其部分原因可以归结于 CAP 理论。

根据上一节介绍过的 CAP 理论,在一致性、可用性和分区容错性这三者中通常只能同时实现两者。不同的数据集及不同的运行时间规则迫使人们采取不同的解决方案。各类数据库技术针对的具体问题也有所区别。数据自身的复杂性及系统的可扩展能力都是需要认真考虑的重要因素。NoSQL 数据库通常分成键值(Key-Value)存储、列存储(Column-Oriented)、文档(Document-Oriented)存储和图形存储(Graph-Oriented)4 类。表 8-2 列举出了 4 种类型 NoSQL 的特点及典型产品。

表 8-2　4 种类型 NoSQL 的特点及典型产品

存储类型	特　　性	典 型 工 具
键值存储	可以通过键快速查询到值,值无须符合特定格式	Redis
列存储	可存储结构化和半结构化数据,对某些列的高频查询有很好的 I/O 优势	Bigtable、Hbase
文档存储	数据以文档形式存储,没有固定格式	CouchDB、MongoDB
图形存储	以图形的形式存储数据及数据之间的关系	Neo4J

在下面的部分里,将对这 4 种不同类型的数据处理方法就原理、特点和使用方面分别做出比较详细的介绍。

8.3.1　键值存储

Key-Value 键值数据模型是 NoSQL 中最基本的、最重要的数据存储模型。Key-Value 的基本原理是在 Key 和 Value 之间建立一个映射关系,类似于哈希函数。Key-Value 数据模型和传统关系数据模型相比有一个根本的区别,就是在 Key-Value 数据模型中没有模式的概念。在传统关系数据模型中,数据的属性在设计之初就被确定下来了,包括数据类型、取值范围等。而在 Key-Value 模型中,只要制定好 Key 与 Value 之间的映射,当遇到一个 Key 值时,就可以根据映射关系找到与之对应的 Value,其中 Value 的类型和取值范围等属性都是任意的,这一特点决定了其在处理海量数据时具有很大的优势。

8.3.2　列存储

列存储是按列对数据进行存储的,在对数据进行查询(Select)的过程中非常有利,与传统的关系型数据库相比,可以在查询效率上有很大的提升。

列存储可以将数据存储在列族中。存储在一个列族中的数据通常是经常被一起查询的相关数据。例如,如果有一个“住院患者”类,人们通常会同时查询患者的住院号、姓名和性别,而不是他们的过敏史和主治医生。这种情况下,住院号、姓名和性别就会被放入一个列族中,而过敏史和主治医生信息则不应该包含在这个列族中。

列存储的数据模型具有支持不完整的关系数据模型、适合规模巨大的海量数据、支持分布式并发数据处理等特点。总的来讲,列存储数据库的模式灵活、修改方便、可用性高、可扩展性强。

8.3.3　面向文档存储

面向文档存储是 IBM 最早提出的,是一种专门用来存储管理文档的数据库模型。面向文档数据库是由一系列自包含的文档组成的。这意味着相关文档的所有数据都存储在该文档中,而不是关系数据库的关系表中。事实上,面向文档的数据库中根本不存在表、行、列或关系,这意味着它们是与模式无关的,不需要在实际使用数据库之前定义严格的模式。与传统的关系型数据库和 20 世纪 50 年代的文件系统管理数据的方式相比,都有很大的区别。下面就具体介绍它们的区别。

在古老的文件管理系统中,数据不具备共享性,每个文档只对应一个应用程序,也就是即使是多个不同应用程序都需要相同的数据,也必须各自建立属于自己的文件。而面向文档数据库虽然是以文档为基本单位,但是仍然属于数据库范畴,因此它支持数据的共享。这就大大地减少了系统内的数据冗余,节省了存储空间,也便于数据的管理和维护。

在传统关系型数据库中,数据被分割成离散的数据段,而在面向文档数据库中,文档被看作是数据处理的基本单位。所以,文档可以很长也可以很短,可以复杂也可以简单,不必受到结构的约束。但是,这两者之间并不是相互排斥的,它们之间可以相互交换数据,从而实现相互补充和扩展。

例如,如果某个文档需要添加一个新字段,那么在文档中仅需包含该字段即可,而不需要对数据库中的结构做出任何改变。所以,这样的操作丝毫不会影响到数据库中其他任何文档。因此,文档不必为没有值的字段存储空数据值。

假如在关系数据库中,需要 4 张表来储存数据:一个"Person"表、一个"Company"表、一个"Contact Details"表和一个用于储存名片本身的表。这些表都有严格定义的列和键,并且使用一系列的连接(Join)组装数据。虽然这样做的优势是每段数据都有一个唯一真实的版本,但这为以后的修改带来不便。此外,也不能修改其中的记录以用于不同的情况。例如,一个人可能有手机号码,也有可能没有。当某个人没有手机号码时,那么在名片上不应该显示"手机:没有",而是忽略任何关于手机的细节。这就是面向文档存储和传统关系型数据库在处理数据上的不同。很显然,由于没有固定模式,面向文档存储显得更加灵活。

面向文档数据库和关系数据库的另一个重要区别就是面向文档数据库不支持连接。因此,如在典型工具 CouchDB 中就没有主键和外键,没有基于连接的键。这并不意味着不能从 CouchDB 数据库获取一组关系数据。CouchDB 中的视图允许用户为未在数据库中定义的文档创建一种任意关系。这意味着用户能够获得典型的 SQL 联合查询的所有好处,但又不需要在数据库层预定义它们的关系。

虽然面向文档数据库的操作方式在处理大数据方面优于关系数据库,但这并不意味着面向文档数据库就可以完全替代关系数据库,而是为更适合这种方式的项目提供一种更佳的选择,如 wikis、博客和文档管理系统等。

8.3.4 图形存储

图形存储是将数据以图形的方式进行存储。在构造的图形中,实体被表示为节点,实体与实体之间的关系则被表示为边。其中最简单的图形就是一个节点,也就是一个拥有属性的实体。关系可以将节点连接成任意结构。那么,对数据的查询就转化成了对图的遍历。图形存储最卓越的特点就是研究实体与实体间的关系,所以图形存储中有丰富的关系表示,这在 NoSQL 成员中是独一无二的。

在具体的情况下,可以根据算法从某个节点开始,按照节点之间的关系找到与之相关联的节点。例如,想要在住院患者的数据库中查找"负责外科 15 床患者的主治医生和主管护士是谁?",这样的问题在图形数据库中就很容易得到解决。

下面利用一个实例来说明在关系复杂的情况下,图形存储较关系型存储的优势。在一部电影中,演员常常有主、配角之分,还要有投资人、导演、特效等人员的参与。在关系模型中,这些都被抽象为 Person 类型,存放在同一个数据表中。但是,现实的情况是,一位导演可能是其他电影或者电视剧的演员,更可能是歌手,甚至是某些影视公司的投资者。在这个实例中,实体和实体间存在多个不同的关系,如图 8-5 所示。

在关系型数据库中,要想表达这些实体及实体间联系,就首先需要建立一些表,如表示人的表、表示电影的表、表示电视剧的表、表示影视公司的表等。要想研究实体和实体之间的关系,就要对表建立各种联系,如图 8-6 所示。由于数据库需要通过关联表来间接地实现实体间的关系,这就导致数据库的执行效能下降,同

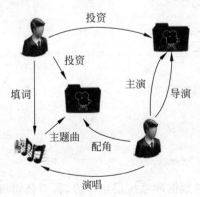

图 8-5 实体及实体间关系

时数据库中的数量也会急剧上升。

图 8-6　关系模型中的表及表间联系

除了性能之外,表的数量也是一个非常让人头疼的问题。刚刚仅仅是举了一个具有 4 个实体的例子——人、电影、电视剧和影视公司,现实生活中的例子可不是这么简单。不难看出,当需要描述大量关系时,传统的关系型数据库显得不堪重负,它更擅长的是实体较多但关系简单的情况。而对于一些实体间关系比较复杂的情况,高度支持关系的图形存储才是正确的选择。它不仅仅可以为人们带来运行性能的提升,更可以大大地提高系统开发效率,减少维护成本。

在需要表示多对多关系时,常常需要创建一个关联表来记录不同实体的多对多关系,而且这些关联表常常不用来记录信息。如果两个实体之间拥有多种关系,那么就需要在它们之间创建多个关联表。而在一个图形数据库中,只需要标明两者之间存在着不同的关系,例如,用 DirectBy 关系指向电影的导演,或用 ActBy 关系来指定参与电影拍摄的各个演员,同时在 ActBy 关系中,更可以通过关系中的属性来表示其是否是该电影的主演。而且从上面所展示的关系的名称上可以看出,关系是有向的。如果希望在两个节点集间建立双向关系,就需要为每个方向定义一个关系。这两者的比较如图 8-7 所示。

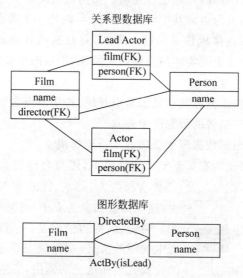

图 8-7　关系模型与图形存储的比较

8.4　典型的 NoSQL 工具

由于大数据时代刚刚到来,基于各类数据模型开发的数据库系统层出不穷,各个公司机构之间的竞争十分激烈。这一节将介绍目前实际应用中比较典型的 3 个 NoSQL 工具,以此来代表 4 种不同的 NoSQL 数据管理类型。

8.4.1　Redis

Redis 是一个典型的开源 Key-Value 数据库。目前 Redis 的最新版本为 3.2.0,如图 8-8 所示。用户可以在 Redis 官网"http://redis.io/download"上获取最新的版本代码。

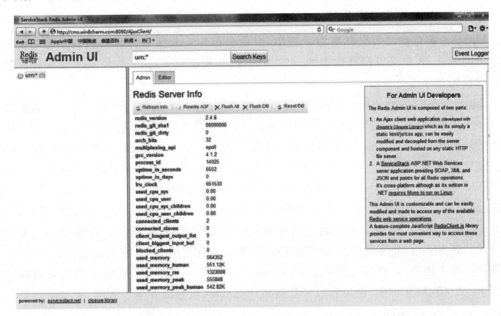

图 8-8　Redis 使用界面

1. Redis 的运行平台

Redis 可以在 Linux 和 Mac OS X 等操作系统下运行使用,其中 Linux 为主要推荐的操作系统。虽然官方没有提供支持 Windows 的版本,但是微软开发并维护一个 Win-64 的 Redis 端口。

2. Redis 的特点

(1) 支持存储的类型多样。与传统的关系型数据库或是其他非关系型数据库相比,Redis 支持存储的 Value 类型是非常多样的,不限于字符串,还包括 String(字符串)、Hash(哈希)、List(链表)、Set(集合)和 Zset(有序集合)等。

(2) 存储效率高,同步性好。为了保证效率,Redis 将数据缓存在内存中,并周期性地把更新的数据写入磁盘或者把修改操作写入追加的记录文件中,并且在此基础上实现了主从同步。

8.4.2　Bigtable

Bigtable 是 Google 在 2004 年开始研发的一个分布式结构化数据存储系统,运用按列存储数据的方法,是一个未开源的系统。目前,已经有超过百余个项目或服务是由 Bigtable 来提供技术支持的,如 Google Analytics、Google Finance、Writely、Personalized Search 和

Google Earth 等。Bigtable 的许多设计思想还被应用在很多其他的 NoSQL 数据库中。

1. Bigtable 的数据模型

Bigtable 不支持完整的关系数据模型，相反，Bigtable 为客户提供了简单的数据模型。利用这个模型，客户可以动态控制数据的分布和格式，即对 BigTable 而言，数据是没有格式的，用户可以自己去定义。

2. Bigtable 的存储原理和架构

Bigtable 将存储的数据都视为字符串，但是 Bigtable 本身不去解析它们。通过仔细选择数据的模式，客户可以控制数据的位置相关性，并根据 BigTable 的模式参数来控制数据是存放在内存中还是硬盘上。

Bigtable 数据库的架构，由主服务器和分服务器构成，如图 8-9 所示。如果把数据库看成是一张大表，那么可将其划分为许多基本的小表，这些小表就称为 Tablet，是 Bigtable 中最小的处理单位。Bigtable 主要包括三个主要部分：一个主服务器、多个 Tablet 服务器和链接到客户端的程序库。主服务器负责将 Tablet 分配到 Tablet 服务器，检测新增和过期的 Tablet 服务器，平衡 Tablet 服务器之间的负载，GFS 垃圾文件的回收，数据模式的改变（如创建表）等。Tablet 服务器负责处理数据的读写，并在 Tablet 规模过大时进行拆分。图 8-9 中的 Google WorkQueue 是一个分布式的任务调度器，主要用来处理分布式系统队列分组和任务调度，负责故障处理和监控；GFS 负责保存 Tablet 数据及日志；Chubby 负责帮助主服务器发现 Tablet 服务器，当 Tablet 服务器不响应时，主服务器就会通过扫描 Chubby 文件获取文件锁，如果获取成功就说明 Tablet 服务器发生了故障，主服务器就会重做 Tablet 服务器上的所有 Tablet。

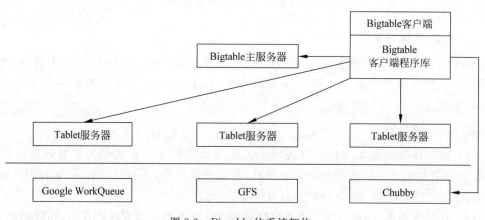

图 8-9　Bigtable 的系统架构

8.4.3　CouchDB

CouchDB 是一个开源的面向文档的数据管理系统。Couch 即 Cluster Of Unreliable Commodity Hardware，反映了 CouchDB 的目标具有高度可伸缩性，提供了高可用性和高可靠性，即使运行在容易出现故障的硬件上也是如此。CouchDB 最初是用 C++ 编写的，在 2008 年 4 月，这个项目转移到 Erlang/OTP 平台进行容错测试。Erlang 语言是一种并发性的函数式编程语言,可以说它是因并发而生,因大数据云计算而热,OTP 是 Erlang 的编程框架,是一个 Erlang 开发的中间件。

CouchDB 是用 Erlang 开发的面向文档的数据库系统,是完全面向 Web 的,截至 2014 年 10 月最新版本为 CouchDB 1.6.1。

1. CouchDB 的运行平台

CouchDB 可以安装在大部分操作系统上,包括 Linux 和 Mac OS X。尽管目前还不正式支持 Windows,但现在已经开始着手编写 Windows 平台的非官方二进制安装程序。CouchDB 可以从源文件安装,也可以使用包管理器安装,是一个顶级的 Apache Software Foundation 开源项目,并允许用户根据需求使用、修改和分发该软件。

2. CouchDB 的文档更新

传统的关系数据库管理系统有时使用并发锁来管理并发性,从而防止其他客户机访问某个客户机正在更新的数据。这就防止了多个客户机同时更改相同的数据,但对于多个客户机同时使用一个系统的情况,数据库在确定哪个客户机应该接收锁并维护锁队列的次序时会遇到困难。

CouchDB 的文档更新模型是无锁的。客户端应用程序加载文档,应用变更,再将修改后的数据保存到服务器主机上,这样就完成了文档编辑。如果一个客户端试图对文档进行修改,而此时其他客户端也在编辑相同的文档,并优先保存了修改,那么该客户端在保存时将会返回编辑冲突(Edit Conflict)错误。为了解决更新冲突,可以获取到最新的文档版本,重新修改后再尝试更新。文档更新操作,包括对文档的添加、编辑和删除具有原子性,要么全部成功,要么全部失败。数据库永远不会出现部分保存或者部分编辑的文档。

3. CouchDB 与 SQL 的对比

与传统的 SQL 相比,CouchDB 在对数据的要求和查询操作等方面都存在很大的不同,表 8-3 从这几个方面对二者进行了比较。

表 8-3　传统的 SQL 和 CouchDB 的对比

传统 SQL 数据库	CouchDB
结构需要预定义,并遵循一定的模式	结构无须预定义,没有固定模式
是结构统一的表的集合	是任意结构的文档的集合
数据需要满足一定的范式,数据无冗余	数据不必满足任何范式,存在数据冗余
用户需要事前清楚表结构	用户无须了解文档结构,甚至是文档名
属于静态模式下的动态查询	属于动态模式下的静态查询

本章小结

在 20 世纪,各网站的访问量一般都不大,用单个数据库完全可以轻松应付。在那个时候,更多的都是静态网页,动态交互类型的网站不多。近 10 年,各类型网站快速发展,收到网友广泛热捧的论坛、博客、微博等逐渐开始引领 Web 领域的潮流。NoSQL 数据库的出现,弥补了关系数据在某些方面的不足,在某些方面能极大地节省开发和维护成本。

大大小小的 Web 站点在追求高效、高性能、高可靠性方面，不由自主地都选择了 NoSQL 技术。随着 Web 2.0 的快速发展，非关系型、分布式数据存储得到了快速的发展。NoSQL 通常被分为键值存储、列存储、面向文档存储和图形存储（Graph-Oriented）四大类。在 NoSQL 概念提出之前，这些数据库就被用于各种系统当中，但是却很少用于互联网应用。

本章首先对 NoSQL 做以简介，包括 NoSQL 的含义、产生与特点，接着介绍了 NoSQL 中涉及到的数据库基础知识，并从和传统数据库比较的角度指导读者理解，第三部分介绍了 4 种主流 NoSQL 数据库的基本工作方式，最后介绍了各种类型 NoSQL 数据库的典型产品。

习题 8

一、填空题

1. Hadoop 中起到 NoSQL 作用的模块是_____。

2. NoSQL 可以处理的数据类型有_____。

3. NoSQL 具有_____、数据量大且性能高、_____和_____等特点。

4. CAP 理论中的 C 是_____的缩写，其中文含义是_____。

5. 若想将数据表内的记录按照某个属性的取值范围进行分区，应该选择_____分区算法。

6. 想要提高系统的数据查询性能，避免大量客户端应用程序在短时间内集中频繁的访问数据库服务器，应该采用_____技术。

7. Key-Value 的基本原理是在 Key 和 Value 之间建立一个_____，类似于哈希函数。

8. 传统关系型数据库是按照行对数据进行查询的，与其不同的是，列存储是按照_____实现数据查询的。

9. 数据以文档形式存储，无须固定格式的数据存储方法为_____。

10. 侧重于描述实体间相互关系的数据存储方法为_____。

二、简答题

1. 简述 NoSQL 的含义，以及 NoSQL 与传统关系型数据库相比在处理大数据时的优势。

2. 简述 CAP 理论的含义，并解释为什么在 CAP 3 个特性中只能同时满足其中的两个。

3. 简述常见的大数据分区技术有哪几种，并分别说明其特点。

4. 简述大数据缓存技术的作用。

第 **9** 章

Spark 概论

 导学

内容与要求

Spark 是一个围绕速度、易用性和复杂分析构建的大数据处理框架,并在近两年内发展成为大数据处理领域最炙手可热的开源项目。

"Spark 平台"一节介绍 Spark 的发展与 Spark 的开发语言 Scala。

"Spark 与 Hadoop"一节介绍 Hadoop 的局限与不足,Spark 的优点。

"Spark 处理架构及其生态系统"一节介绍 Spark 生态系统的组成与各个模块的概念与应用。

"Spark 的应用"一节介绍 Spark 的应用场景与成功案例。

重点、难点

本章的重点是 Hadoop 和 Spark 的关系、Spark 的优点、Spark 生态系统的组成,难点是 Spark 生态系统中各个模块的概念与应用。

在大数据领域,Apache Spark(以下简称 Spark)通用并行分布式计算框架越来越受人瞩目。Spark 适合各种迭代算法和交互式数据分析,能够提升大数据处理的实时性和准确性,能够更快速地进行数据分析。

9.1 Spark 平台

Spark 和 Hadoop 都属于大数据的框架平台,而 Spark 是 Hadoop 的后继产品。由于 Hadoop 设计上只适合离线数据的计算以及在实时查询和迭代计算上的不足,已经不能满足日益增长的大数据业务需求。因而 Spark 应运而生,Spark 具有可伸缩、在线处理、基于内存计算等特点,解决了 Hadoop 存在的不足,并可以直接读写 Hadoop 上任何格式的数据,人们完全可以这样认为,未来的大数据领域一定是 Spark 的天下。

9.1.1 Spark 简介

Spark 是一个开源的通用并行分布式计算框架,2009 年由加州大学伯克利分校的 AMP 实验室开发,是当前大数据领域最活跃的开源项目之一。Spark 是基于 MapReduce 算法实现的分布式计算,拥有 MapReduce 所具有的优点;但不同于 MapReduce 的是将操作过程中的中间结果保存在内存中,从而不再需要读写 HDFS,因此 Spark 能更好地适用于数据挖掘与机器学习等需要迭代的 MapReduce 算法。

Spark 也称为快数据,与 Hadoop 的传统计算方式 MapReduce 相比,效率至少提高 100 倍。比如逻辑回归算法在 Hadoop 和 Spark 上的运行时间对比,可以看出 Spark 的效率有很大的提升,如图 9-1 所示。

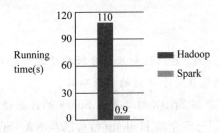

图 9-1　逻辑回归算法在 Hadoop 和 Spark 上的运行时间对比

Spark 框架还提供多语言支持,它不仅仅支持编写其源码的 Scala 语言,而且对现在非常流行的 Java 和 Python 语言也有着良好的支持。现在 Spark R 项目也在紧锣密鼓的开发中,不久之后的 Spark 版本也将对 R 语言进行很好的支持。

9.1.2 Spark 发展

Spark 的发展速度非常迅速。2009 年,Spark 诞生;2010 年,Spark 正式开源;2013 年成为了 Apache 基金项目;2014 年成为 Apache 基金的顶级项目,整个过程不到 5 年时间。

从 2013 年 6 月到 2014 年 6 月,Spark 的开发人员从原来的 68 位增长到 255 位,参与开发的公司也从 17 家上升到 50 家。在这 50 家公司中,有来自中国的阿里巴巴、百度、网易、腾讯和搜狐等公司。当然,代码库的代码行也从原来的 63 000 行增加到 75 000 行。图 9-2 为截止 2014 年 Spark 的开发人员数量每个月的增长曲线。

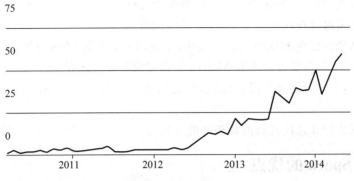

图 9-2 Spark 的开发人员数量每个月的增长曲线

Spark 广泛地应用在国内外各大公司,比如国外的谷歌、亚马逊、雅虎、微软和国内的百度、腾讯、爱奇艺、阿里等公司。如阿里巴巴将 Spark 应用在双十一购物节中,处理当中产生的大量的实时的数据;爱奇艺应用 Spark 对其业务量日益增长的视频服务提供数据分析和存储的支持;百度利用 Spark 进行大数据量网页搜索的优化的实践。随着各行业数据量的与日俱增,相信 Spark 会应用到越来越多的生产场景中去。

9.1.3 Scala 语言

Scala 语言是 Spark 框架的开发语言,是一种类似 Java 的编程语言,设计初衷是实现可伸缩的语言、并集成面向对象编程和函数式编程的各种特性。Spark 能成为一个高效的大数据处理平台,与其使用 Scala 语言编写是分不开的。尽管 Spark 支持使用 Scala、Java 和 Python3 种开发语言进行分布式应用程序的开发,但是 Spark 对于 Scala 的支持却是最好的。因为这样可以和 Spark 的源代码进行更好的无缝结合,更方便地调用其相关功能。

Scala 在序列化、分布式框架、编码效率等多个方面都有着很好的兼容和支持,所以在构建大型软件项目和对复杂数据进行处理方面,有着很大的优势。Scala 语言基于 JVM,因此 Scala 可以很好的支持所有 Java 代码和类库,并且可以在编写过程中随时调用和编写 Java 语句。Scala 不仅具有面向对象的特点,而且还具有函数式编程语言的特性。

9.2 Spark 与 Hadoop

Spark 是当前流行的分布式并行大数据处理框架,具有快速、通用、简单等特点。Spark 的提出很大程度上是为了解决 Hadoop 在处理迭代算法上的缺陷。Spark 可以与 Hadoop 联合使用,增强 Hadoop 的性能。同时,Spark 还增加了内存缓存、流数据处理、图数据处理等更为高级的数据处理能力。

9.2.1 Hadoop 的局限与不足

Hadoop 的框架中的 MapReduce 为海量的数据提供了计算,但是 MapReduce 存在以下局限,使用起来比较困难。

(1) 抽象层次低,需要手工编写代码来完成,用户难以上手使用。

（2）只提供两个操作，Map 和 Reduce，表达力欠缺。

（3）处理逻辑隐藏在代码细节中，没有整体逻辑。

（4）中间结果也放在 HDFS 文件系统中，中间结果不可见，不可分享。

（5）ReduceTask 需要等待所有 MapTask 都完成后才可以开始。

（6）延时长，响应时间完全没有保证，只适用批量数据处理，不适用于交互式数据处理和实时数据处理。

（7）对于图处理和迭代式数据处理性能比较差。

9.2.2　Spark 的优点

与 Hadoop 相比，Spark 真正的优势在于速度，除了速度之外，Spark 还有很多的优点，如表 9-1 所示。

表 9-1　Hadoop 与 Spark 的对比

类　　别	Hadoop	Spark
工作方式	非在线、静态	在线、动态
处理速度	高延迟	比 Hadoop 快数十倍至上百倍
兼容性	开发语言：JAVA 语言最好在 Linux 系统下搭建，对 Windows 的兼容性不好	开发语言：以 Scala 为主的多语言对 Linux 和 Windows 等操作系统的兼容性都非常好
存储方式	磁盘	既可以仅用内存存储，也可以在磁盘上存储
操作类型	只提供 Map 和 Reduce 两个操作，表达力欠缺	提供很多转换和动作，很多基本操作如 Join、GroupBy 已经在 RDD 转换和动作中实现
数据处理	只适用数据的批处理，实时处理非常差	除了能够提供交互式实时查询外，还可以进行图处理、流式计算和反复迭代的机器学习等
逻辑性	处理逻辑隐藏在代码细节中，没有整体逻辑	代码不包含具体操作的实现细节，逻辑更清晰
抽象层次	抽象层次低，需要手工编写代码来完成	Spark 的 API 更强大，抽象层次更高
可测试性	不容易	容易

9.2.3　Spark 速度比 Hadoop 快的原因分解

1. Hadoop 数据抽取运算模型

使用 Hadoop 处理一些问题诸如迭代式计算，每次对磁盘和网络的开销相当大。尤其每一次迭代计算都将结果要写到磁盘再读回来，另外计算的中间结果还需要三个备份。Hadoop 中的数据传送与共享、串行方式、复制以及磁盘 I/O 等因素使得 Hadoop 集群在低延迟、实时计算方面表现有待改进。Hadoop 的数据抽取运算模型如图 9-3 所示。

从图 9-3 中可以看出，Hadoop 中数据的抽取运算是基于磁盘的，中间结果也存储在磁盘上。所以，MapReduce 运算伴随着大量的磁盘的 I/O 操作，运算速度严重地受到了限制。

2. Spark 数据抽取运算模型

Spark 使用内存（RAM）代替了传统 HDFS 存储中间结果，Spark 的数据抽取运算模型如图 9-4 所示。

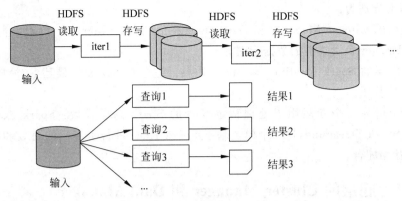

图 9-3 Hadoop 数据抽取运算模型

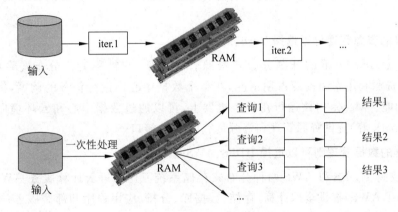

图 9-4 Spark 数据抽取运算模型

从图 9-4 中可以看出,Spark 这种内存型计算框架比较适合各种迭代算法和交互式数据分析。可每次将操作过程中的中间结果存入内存中,下次操作直接从内存中读取,省去了大量的磁盘 I/O 操作,效率也随之大幅提升。

9.3 Spark 处理架构及其生态系统

Spark 整个生态系统分为 3 层,如图 9-5 所示。

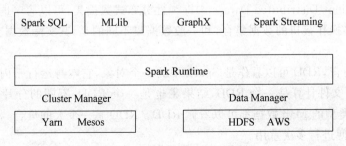

图 9-5 Spark 生态系统组成

从底向上分别为：

（1）底层的 Cluster Manager 和 Data Manager：Cluster Manager 负责集群的资源管理；Data Manager 负责集群的数据管理。

（2）中间层的 Spark Runtime，即 Spark 内核。它包括 Spark 的最基本、最核心的功能和基本分布式算子。

（3）最上层为 4 个专门用于处理特定场景的 Spark 高层模块：Spark SQL、MLlib、GraphX 和 Spark Streaming，这 4 个模块基于 Spark RDD 进行了专门的封装和定制，可以无缝结合，互相配合。

9.3.1 底层的 Cluster Manager 和 Data Manager

Cluster Manager 负责集群的资源管理；Data Manager 负责集群的分布式存储（数据管理）。

1. 集群的资源管理可以选择 Yarn、Mesos 等

Mesos 是 Apache 下的开源分布式资源管理框架，它被称为是分布式系统的内核。Mesos 根据资源利用率和资源占用情况，在整个数据中心内进行任务的调度，提供类似于 YARN 的功能。Mesos 内核运行在每个机器上，可以通过数据中心和云环境向应用程序（Hadoop、Spark 等）提供资源管理和资源负载的 API 接口。

2. 集群的数据管理则可以选择 HDFS、AWS 等

Spark 支持 HDFS 和 AWS 两种分布式存储系统。亚马逊云计算服务 AWS(Amazon Web Services,AWS)提供全球计算、存储、数据库、分析、应用程序和部署服务；AWS 提供的云服务中支持使用 Spark 集群进行大数据分析。Spark 对文件系统的读取和写入功能是 Spark 自己提供的，借助 Mesos 分布式实现。

9.3.2 中间层的 Spark Runtime

Spark Runtime 包含 Spark 的基本功能，这些功能主要包括任务调度、内存管理、故障恢复以及和存储系统的交互等。Spark 的一切操作都是基于 RDD 实现的，RDD 是 Spark 中最核心的模块和类，也是 Spark 设计的精华所在。

1. RDD 的概念

RDD(Resilient Distributed Datasets)即弹性分布式数据集，可以简单地把 RDD 理解成一个提供了许多操作接口的数据集合，和一般数据集不同的是，其实际数据分布存储在磁盘和内存中。

对开发者而言，RDD 可以看作是 Spark 中的一个对象，它本身运行于内存中，如读文件是一个 RDD，对文件计算是一个 RDD，结果集也是一个 RDD，不同的分片、数据之间的依赖、Key-Value 类型的 Map 数据都可以看做 RDD。RDD 是一个大的集合，将所有数据都加载到内存中，方便进行多次重用。

2. RDD 的操作类型

RDD 提供了丰富的编程接口来操作数据集合，一种是 Transformation 操作，另一种是

Action 操作。

（1）Transformation 的返回值是一个 RDD，如 Map，Filter，Union 等操作。它可以理解为一个领取任务的过程。如果只提交 Transformation 是不会提交任务来执行的，任务只有在 Action 提交时才会被触发。

（2）Action 返回的结果把 RDD 持久化起来，是一个真正触发执行的过程。它将规划以任务(Job)的形式提交给计算引擎，由计算引擎将其转换为多个 Task，然后分发到相应的计算节点，开始真正的处理过程。

Spark 的计算发生在 RDD 的 Action 操作，而对 Action 之前的所有 Transformation，Spark 只是记录下 RDD 生成的轨迹，而不会触发真正的计算。

Spark 内核会在需要计算发生的时刻绘制一张关于计算路径的有向无环图(Directed Acyclic Graph，DAG)。举个例子，在图 9-6 中，从输入中逻辑上生成 A 和 C 两个 RDD，经过一系列 Transformation 操作，逻辑上生成了 F，注意，这时候计算没有发生，Spark 内核只是记录了 RDD 的生成和依赖关系。当 F 要进行输出(进行了 Action 操作)时，Spark 会根据 RDD 的依赖生成 DAG，并从起点开始真正的计算。

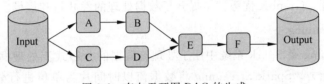

图 9-6 有向无环图 DAG 的生成

9.3.3 高层的应用模块

1. Spark SQL

Spark SQL 作为 Spark 大数据框架的一部分，主要用于结构化数据处理和对 Spark 数据执行类 SQL 的查询，并且与 Spark 生态的其他模块无缝结合。Spark SQL 兼容 SQL、Hive、JSON、JDBC 和 ODBC 等操作。Spark SQL 的前身是 Shark，而 Shark 的前身是 Hive。Shark 比 Hive 在性能上要高出一到两个数量级，而 Spark SQL 比 Shark 在性能上又要高出一到两个数量级。

2. MLlib

MLlib 是一个分布式机器学习库，即在 Spark 平台上对一些常用的机器学习算法进行了分布式实现，随着版本的更新，它也在不断地扩充新的算法。MLlib 支持多种分布式机器学习算法，如分类、回归、聚类等，MLlib 已经实现的算法如表 9-2 所示。

表 9-2 MLlib 已经实现的算法

算　　法	功　　能
Classilication/Clustenng/Regressionilree	分类算法、回归算法、决策树、聚类算法
Optimization	核心算法的优化方法实现
Stat	基础统计
Feature	预处理

算　　法	功　　能
Evaluation	算法效果衡量
Linalg	基础线性代数运算支持
Recommendation	推荐算法

3. GraphX

GraphX 是构建于 Spark 上的图计算模型，GraphX 利用 Spark 框架提供的内存缓存 RDD、DAG 和基于数据依赖的容错等特性，实现高效健壮的图计算框架。GraphX 的出现，使得 Spark 生态系统在大图处理和计算领域得到了更加的完善和丰富，同时其与 Spark 生态系统其他组件进行很好的融合，以及强大的图数据处理能力，使其广泛地应用在多种大图处理的场景中。

GraphX 实现了很多能够在分布式集群上运行的并行图计算算法，而且还拥有丰富的 API 接口。因为图的规模大到一定的程度之后，需要将算法并行化，以方便其在分布式集群上进行大规模处理。GraphX 优势就是提升了数据处理的吞吐量和规模。

4. Spark Streaming

Spark Streaming 是 Spark 系统中用于处理流数据的分布式流处理框架，扩展了 Spark 流式大数据处理能力。Spark Streaming 将数据流以时间片为单位进行分割形成 RDD，能够以相对较小的时间间隔对流数据进行处理。Spark Streaming 还能够和其余 Spark 生态的模块，如 Spark SQL、GraphX、MLlib 等进行无缝的集成，以便联合完成基于实时流数据处理的复杂任务。

如果要用一句话来概括 Spark Streaming 的处理思路的话，那就是"将连续的数据持久化、离散化、然后进行批量处理"。

(1) 数据持久化。将从网络上接收到的数据先暂时存储下来，为事件处理出错时的事件重演提供可能。

(2) 数据离散化。数据源源不断的涌进，永远没有尽头。既然不能穷尽，那么就将其按时间分片。比如采用一分钟为时间间隔，那么在连续的一分钟内收集到的数据就集中存储在一起。

(3) 批量处理。将持久化下来的数据分批进行处理，处理机制套用之前的 RDD 模式。

9.4　Spark 的应用

目前大数据在互联网公司主要应用在广告、报表、推荐系统等业务上。这些业务都需要大数据做应用分析、效果分析、定向优化等。这些应用场景的普遍特点是计算量大、反复操作的次数多、效率要求高，Spark 恰恰满足了这些要求。

9.4.1　Spark 的应用场景

Spark 可以解决大数据计算中的批处理、交互查询及流式计算等核心问题。Spark 还可以从多数据源读取数据,并且拥有不断发展的机器学习库和图计算库供开发者使用。Spark 的各个子模块以 Spark 内核为基础,进一步地支持更多的计算场景,例如,使用 Spark SQL 读入的数据可以作为机器学习库 MLlib 的输入。表 9-3 列举了 Spark 的应用场景。

表 9-3 Spark 的应用场景

应 用 场 景	时 间 对 比	成熟的框架	Spark
复杂的批量数据处理	小时级,分钟级	MapReduce(Hive)	Spark Runtime
基于历史数据的交互式查询	分钟级,秒级	MapReduce	Spark SQL
基于实时数据流的数据处理	秒级,秒级	Storm	Spark Streaming
基于历史数据的数据挖掘	分钟级,秒级	Mahout	Spark MLlib
基于增量数据的机器学习	分钟级	无	Spark Streaming+MLlib
基于图计算的数据处理	分钟级	无	Spark GraphX

9.4.2 应用 Spark 的成功案例

Spark 的优势不仅体现性能的提升,Spark 框架为批处理(Spark Core)、SQL 查询 (Spark SQL)、流式计算(Spark Streaming)、机器学习(MLlib)、图计算(GraphX)提供一个统一的数据处理平台,这相对于使用 Hadoop 有很大的优势。已经成功应用 Spark 的典型案例如下。

1. 腾讯

为了满足挖掘分析与交互式实时查询的计算需求,腾讯大数据使用了 Spark 平台来支持挖掘分析类计算、交互式实时查询计算以及允许误差范围的快速查询计算,目前腾讯大数据拥有超过 200 台的 Spark 集群。

腾讯大数据精准推荐借助 Spark 快速迭代的优势,围绕"数据+算法+系统"这套技术方案,实现了在"数据实时采集、算法实时训练、系统实时预测"的全流程实时并行高维算法,最终成功应用于广点通上,支持每天上百亿的请求量。

2. Yahoo

在 Spark 技术的研究与应用方面,Yahoo 始终处于领先地位,它将 Spark 应用于公司的各种产品之中。移动 App、网站、广告服务、图片服务等服务的后端实时处理框架均采用了 Spark 的架构。

Yahoo 选择 Spark 基于以下几点进行考虑。

(1) 进行交互式 SQL 分析的应用需求。

(2) RAM 和 SSD 价格不断下降,数据分析实时性的需求越来越多,大数据急需一个内存计算框架进行处理。

(3) 程序员熟悉 Scala 开发,学习 Spark 速度快。

(4) Spark 的社区活跃度高,开源系统的 Bug 能够更快地解决。

(5) 可以无缝将 Spark 集成进现有的 Hadoop 处理架构。

3. 淘宝

淘宝技术团队使用了 Spark 来解决多次迭代的机器学习算法、高计算复杂度的算法等,

将 Spark 运用于淘宝的推荐相关算法上,同时还利用 Graphx 解决了许多生产问题,比如:

(1) Spark Streaming:淘宝在云梯构建基于 Spark Streaming 的实时流处理框架。Spark Streaming 适合处理历史数据和实时数据混合的应用需求,能够显著提高流数据处理的吞吐量。其对交易数据、用户浏览数据等流数据进行处理和分析,能够更加精准、快速地发现问题和进行预测。

(2) GraphX:淘宝将交易记录中的物品和人组成大规模图。使用 GraphX 对这个大图进行处理(上亿个节点,几十亿条边)。GraphX 能够和现有的 Spark 平台无缝集成,减少多平台的开发代价。

4. 优酷土豆

优酷土豆作为国内最大的视频网站,和国内其他互联网巨头一样,率先看到大数据对公司业务的价值,早在 2009 年就开始使用 Hadoop 集群,随着这些年业务迅猛发展,优酷土豆又率先尝试了仍处于大数据前沿领域的 Spark 内存计算框架,很好地解决了机器学习和图计算多次迭代的瓶颈问题,使得公司大数据分析更加完善。

据了解,优酷土豆采用 Spark 大数据计算框架得到了英特尔公司的帮助,起初优酷土豆并不熟悉 Spark 以及 Scala 语言,英特尔帮助优酷土豆设计出具体符合业务需求的解决方案,并协助优酷土豆实现了该方案。此外,英特尔还给优酷土豆的大数据团队进行了 Scala 语言、Spark 的培训等。

本章小结

本章介绍了 Spark 大数据处理框架。通过本章的学习,了解 Spark 的概念与发展现状;掌握 Spark 有哪些优点(对比 Hadoop);掌握 Spark 速度比 Hadoop 快的原因;掌握 Spark 生态系统的组成;了解 Spark 生态系统中的 Runtime、Spark SQL、MLlib、GraphX、Spark Streaming 的概念与应用;了解 Spark 的应用场景与应用 Spark 的成功案例。

习题 9

一、填空题

1. Spark 大数据框架适合各种_____算法和交互式数据分析,能够提升大数据处理的实时性和准确性。

2. _____也称为快数据,与 Hadoop 的传统计算方式 MapReduce 相比,效率至少提高 100 倍。

3. _____语言是 Spark 框架的开发语言,是一种类似 Java 的编程语言。

4. Spark 是当前流行的_____大数据处理框架,具有快速、通用、简单等特点。

5. 与 Hadoop 相比,Spark 真正的优势在于_____。

6. Spark 使用_____代替了传统 HDFS 存储中间结果。

7. Spark 整个生态系统分为三层,底层的_____负责集群的资源管理。

8. Spark 整个生态系统分为三层,底层的_____负责集群的数据管理。

9. Spark 整个生态系统分为三层，中间层的_____包括 Spark 的最基本、最核心的功能和基本分布式算子。

10. RDD（Resilient Distributed Datasets）即_____。

11. 对开发者而言，_____可以看作是 Spark 中的一个对象，它本身运行于内存中。它是一个大的集合，将所有数据都加载到内存中，方便进行多次重用。

12. RDD 提供了丰富的编程接口来操作数据集合，一种是_____操作，另一种是 Action 操作。

13. RDD 的_____操作返回的结果把 RDD 持久化起来，是一个真正触发执行的过程。

14. Spark 内核会在需要计算发生的时刻绘制一张关于计算路径的_____，简称DAG。

15. _____作为 Spark 大数据框架的一部分，主要用于结构化数据处理和对 Spark 数据执行类 SQL 的查询。

16. _____是一个分布式机器学习库，即在 Spark 平台上对一些常用的机器学习算法进行了分布式实现。

17. _____是构建于 Spark 上的图计算模型，它利用 Spark 框架提供的内存缓存 RDD、DAG 和基于数据依赖的容错等特性，实现高效健壮的图计算框架。

18. _____是 Spark 系统中用于处理流数据的分布式流处理框架，扩展了 Spark 流式大数据处理能力。

19. Spark Streaming 将数据流以时间片为单位进行分割形成_____，能够以相对较小的时间间隔对流数据进行处理。

20. Spark Streaming 还能够和其余 Spark 生态的模块进行无缝的集成，以便联合完成基于_____处理的复杂任务。

二、简答题

1. 简述 Hadoop 的框架中的 MapReduce 的局限与不足。

2. 与 Hadoop 进行比较，Spark 在工作方式、处理速度、存储方式和兼容性等方面有哪些优点？

3. 从数据抽取运算模型进行分解，说明 Spark 速度比 Hadoop 快的原因。

4. 简述 Spark 整个生态系统分为哪三层？

5. 简述什么是 RDD。

6. 简述什么是 RDD 的 Transformation 操作和 Action 操作。

7. 通过图 9-7，简述什么是 DAG，DAG 是如何生成的。

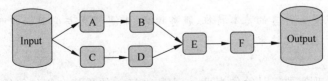

图 9-7　有向无环图 DAG 的生成

8. 简述什么是 Spark SQL。

9. 简述什么是 GraphX。

10. 简述什么是 Spark Streaming 的数据持久化、离散化和批量处理。

第 *10* 章

云计算与大数据

 导学

内容与要求

云计算与大数据是目前 IT 界两大炙手可热的话题。云计算的核心是数据,具体讲就是能实现海量、多类型、高负载、高性能、低成本需求的数据管理技术。

"云计算简介"一节中需要了解云计算定义;熟悉云计算基本特征;掌握云计算服务模式相关知识。

"云计算核心技术"一节中需要熟悉虚拟化技术;了解常见的虚拟化软件及其应用;熟悉资源池化技术与云计算资源池的应用原理;掌握云计算部署模式及相关知识。

"云计算应用案例"一节中需要熟悉并掌握常用的云服务应用与虚拟仿真软件 VMware Workstation 的使用方法。

重点、难点

本章重点是云计算的基本特征、服务模式、部署模式与常见云应用,难点是云计算的虚拟化与资源池化技术。

大数据挖掘处理需要云计算作为平台,大数据涵盖的价值和规律能够使云计算与行业应用相结合并发挥更大的作用。首先,云计算将计算资源作为服务支撑大数据挖掘,进而大数据可以为实时交互的海量数据查询、分析提供其所需的价值与信息;其次,云计算与大数据的结合将成为人类认识事物的新途径。由此可知,大数据技术需要通过云计算方法来实现。

10.1　云计算简介

从广义上来说,云计算是通过网络提供可伸缩的、廉价的分布式计算能力。其代表了以虚拟化技术为核心、以低成本为目标的动态可扩展网络应用基础设施,是最具代表性的网络计算技术与模式。

10.1.1　云计算

云计算是以美国国家标准与技术研究所(National Institute of Standards and Technology,NIST)的定义为代表:云计算是一种用于对可配置共享资源池(网络、服务器、存储、应用和服务),通过网络方便的、按需获取的模型,它以最少的管理代价或以最少的服务商参与,快速地部署与发布。NIST 定义的云计算架构具有 3 种服务模式、4 种部署模式与 5 个关键功能,如图 10-1 所示。

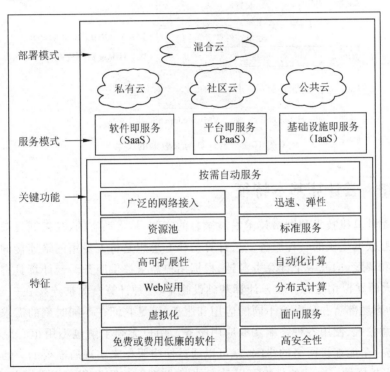

图 10-1　NIST 的云计算基本架构

从技术角度来看,云计算可以分为两种不同的技术方法。一种是分布式计算与存储的技术,以 MapReduce 为代表;第二种是将集中的资源分割后分散使用的技术,即实现资源集约与分配的技术,主要有两类,一类是虚拟化技术,包括对计算资源、网络资源、存储资源等的虚拟化;另一类是各种资源的精细化管理技术。

对于云计算的进一步理解,可以认为云计算技术是未来数字社会中 IT 的主要运营方式。未来 IT 世界只有两种角色:云的提供者与云的消费者,前者像发电厂,后者像用电者,人们简单地打开开关，就可以方便地使用 IT，并且按需使用，按量计费。

10.1.2　云计算与大数据的关系

云计算是大数据分析与处理的一种重要方法，云计算强调的是计算，而大数据则是计算的对象。如果数据是财富，那么大数据就是宝藏，云计算就是挖掘和利用宝藏的利器。

云计算以数据为中心，以虚拟化技术为手段来整合服务器、存储、网络、应用等在内的各种资源，形成资源池并实现对物理设备集中管理、动态调配和按需使用。借助云计算的力量，可以实现对大数据的统一管理、高效流通和实时分析，挖掘大数据的价值，发挥大数据的意义。

云计算为大数据提供了有力的工具和途径，大数据为云计算提供了有价值的用武之地。将云计算和大数据结合，人们就可以利用高效、低成本的计算资源分析海量数据的相关性，快速找到共性规律，加速人们对于客观世界有关规律的认识。云计算和大数据关系密不可分，相辅相成，如图 10-2 所示。

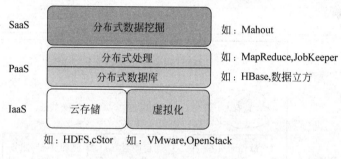

图 10-2　云计算与大数据的关系

10.1.3　云计算基本特征

云计算是计算机技术和网络技术发展融合的产物，是将动态的、易扩展且被虚拟化的计算资源通过互联网提供的一种服务。云计算的核心思想是将大量用网络连接的计算资源进行统一管理和调度，构成一个计算资源池，根据用户需求提供服务。云计算具有以下特征。

（1）强大的虚拟化能力。在云计算基础设施中，各种计算资源被连接在一起，形成统一的资源池，动态地部署并分配给不同的应用和服务，满足它们在不同时刻的需求。云计算支持用户在任意位置、使用各种终端获取应用服务。用户无须了解也不用担心应用运行的具体位置，只需一个能连接网络的终端，就可以通过网络服务来实现所需要的一切。

（2）高可扩展性。"云"的规模可以动态伸缩，以满足应用和用户规模不断增长的需要。随着用户对云计算需求的不断变化，系统可以自动地进行扩展。

（3）按需服务。"云"是一个庞大的资源池，可以根据用户的需求进行定制，并且可以像自来水、电、煤气那样提供计量服务。

（4）网络化的资源接入。基于云计算的应用服务是通过网络来提供的，在"云"的支撑下，可以构造出千变万化的应用，并通过网络提供给最终用户，网络技术的发展是推动云计算技术的首要动力。

（5）高可靠性。"云"通过使用数据多副本容错、计算节点可互换等方法来保障服务的高可靠性。

10.1.4 云计算服务模式

目前,云计算仍处于初级发展阶段,各类厂商正在开发不同的云计算服务,包括成熟的应用程序、存储服务和垃圾邮件过滤等。云计算以其基于面向服务的体系结构理念和技术,将计算资源和应用变成各种服务,可以说云服务即一切皆服务。

基础设施即服务(Infrastructure as a Service,IaaS)、平台即服务(Platform as a Service,PaaS)、软件即服务(Software as a Service,SaaS)是云计算的 3 种应用服务模式。云计算服务体系如图 10-3 所示。

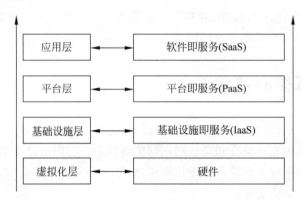

图 10-3　云计算服务模式

1. 软件即服务

SaaS 针对的是终端用户,是通过互联网提供软件的服务模式,即服务提供商将应用软件统一部署在其服务器上,客户可以根据自己的实际需求,通过互联网向服务提供商订购所需要的应用软件服务,按照订购服务数量的多少和时间的长短支付费用。

SaaS 的典型应用包括在线邮件服务、网络会议、网络传真、在线杀毒等各种工具型服务,在线客户关系管理系统、在线人力资源系统、在线项目管理等各种管理型服务及网络搜索、网络游戏、在线视频等娱乐性应用。SaaS 是未来软件业的发展趋势,目前已吸引了众多厂商的参与,包括 Microsoft 在内的国外各大软件巨头都推出了自己的 SaaS 应用,用友、金蝶等国内软件巨头也推出了自己的 SaaS 应用。

2. 平台即服务

PaaS 针对开发者,把开发环境作为一种服务来提供。PaaS 可为企业或个人提供研发平台,并提供应用程序开发、数据库、应用服务器、试验、托管及应用服务。客户不需要管理或者控制底层的云基础设施(网络、服务器、操作系统、存储等),但能够部署应用程序及配置应用程序的托管环境。

PaaS 服务模式可以归类为应用服务器、业务能力接入、业务引擎和业务开放平台。PaaS 服务模式向下根据业务需要测算基础服务能力,调用硬件资源;向上提供业务调度中心服务,实时监控平台的各种资源,并将这些资源通过应用程序编程接口(Application Programming Interface,API)开放给 SaaS 用户。目前 PaaS 的典型实例有 Microsoft 的

Windows Azure 平台、Facebook 的开发平台等。

3. 基础设施服务

IaaS 针对的是开发者,厂商把由多台服务器组成的"云端"基础设施作为计量服务提供给客户。IaaS 将内存、I/O 设备、存储和计算能力整合成一个虚拟资源池,为客户提供存储资源和虚拟化服务器等各种服务。这种形式的云计算把开发环境作为一种服务来提供,厂商可以使用中间商的设备来开发自己的程序,并通过互联网和服务器传递给用户。

IaaS 的优点是客户只需要具备低成本的硬件,按需租用相应的计算能力和存储能力,从而大大地降低了客户在硬件方面的支出。目前 Microsoft、Amazon、世纪互联和其他一些提供存储服务和虚拟服务器的提供商可以提供这种基于硬件基础的 IaaS 服务,他们通过云计算的相关技术,把内存、I/O 设备、存储和计算能力集中起来成为一个虚拟的资源池,从而为最终用户和 SaaS、PaaS 提供商提供服务。

10.2 云计算核心技术

随着云计算与大数据的兴起,虚拟化与资源池化技术已经成为云计算中的核心,是可以将各种计算及存储资源充分整合和高效利用的关键技术。它们通过虚拟化手段将系统中各种异构的硬件资源转换成灵活统一的虚拟资源池,进而形成云计算基础设施,为上层云计算平台和云服务提供相应的支撑。

10.2.1 虚拟化技术

虚拟化是指计算在虚拟的基础上运行。虚拟化技术是指把有限的、固定的资源根据不同需求进行重新规划,以达到最大利用率的技术。

云计算基础架构广泛地采用包括计算虚拟化、存储虚拟化、网络虚拟化等虚拟化技术,并通过虚拟化层,屏蔽了硬件层自身的差异和复杂度,向上呈现为标准化、可灵活扩展和收缩、弹性的虚拟化资源池,如图 10-4 所示。

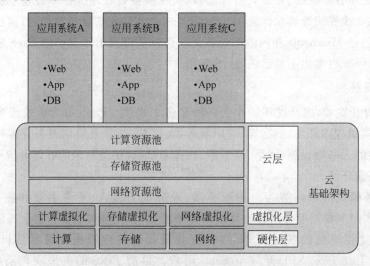

图 10-4　云计算虚拟化部署架构图

相对于传统 IT 基础架构,云计算通过虚拟化整合与自动化,应用系统共享基础架构资源池,实现高利用率、高可用性、低成本与低能耗,并通过云平台层的自动化管理,构建易于扩展、智能管理的云服务模式。云计算的虚拟化技术按应用可分为以下几类。

1. 服务器虚拟化

服务器虚拟化是指将虚拟化技术应用于服务器上,将一台或多台服务器虚拟化为若干服务器使用。通常,一台服务器只能执行一个任务,导致服务器利用率低下。采用服务器虚拟化技术后,可以在一台服务器上虚拟出多个虚拟服务器,每个虚拟服务器运行不同的服务,这样便可提高服务器的利用率,节省物理存储空间及电能。

2. 桌面虚拟化

桌面虚拟化是指将计算机的终端系统(也称为桌面)进行虚拟化,以达到桌面使用的安全性和灵活性。桌面虚拟化可以使用户以通过任何设备,在任何地点、任何时间通过网络访问属于个人的桌面系统,获得与传统 PC 一致的用户体验。

3. 应用虚拟化

应用虚拟化是指将各种应用发布在服务器上,客户通过授权之后就可以通过网络直接使用,获得如同在本地运行应用程序一样的体验。

4. 存储虚拟化

存储虚拟化是将整个云系统的存储资源进行统一整合管理,为用户提供一个统一的存储空间。存储虚拟化可以以最高的效率、最低的成本来满足各类不同应用在性能和容量等方面的需求。

5. 网络虚拟化

网络虚拟化是指让一个物理网络支持多个逻辑网络,虚拟化保留了网络设计中原有的层次结构、数据通道和所能提供的服务,使得最终用户的体验和独享物理网络一样,同时网络虚拟化技术还可以高效地利用如空间、能源、设备容量等网络资源。

10.2.2 虚拟化软件及应用

虚拟化技术是云计算的关键技术,虚拟化平台是进一步地完成云计算部署的基础。主流的虚拟化软件包括 EMC 公司的 VMware vSphere、Microsoft 公司的 Virtual PC、Redhat 公司的 Red Hat Enterprise Virtualization 等。

1. VMware

VMware 在虚拟化和云计算基础架构领域占据主导地位和最大的市场份额。VMware 虚拟化产品主要有服务器虚拟化产品 vSphere Standard(标准版)、vSphere Enterprise(企业版)、vSphere Enterprise Plus(企业增强版)以及 vSphere with Operations Management;网络虚拟化产品 NSX;存储虚拟化产品 VMware Virtual SAN;桌面虚拟化产品 Horizon、Fusion 和 Mirage。

2. Microsoft

Microsoft 在企业级虚拟化方面起步较晚,目前凭借最新版本 Windows Server 2012

Hyper-V 在整合和虚拟管理方面缩短了与 VMware 的差距。Microsoft 虚拟化产品主要有服务器虚拟化产品 Windows Server 2008(2012)Hyper-V、桌面虚拟化产品 Virtual Desktop Infrastructure、Microsoft Virtual PC、Microsoft Enterprise Desktop Virtualization、应用程序虚拟化产品 Microsoft Application Virtualization（App-V）、虚拟化管理产品 Microsoft System Center Virtual Machine Manager。

3. Red Hat

Red Hat 使用开源的方法提供可靠和高性能的云、虚拟化、存储、Linux 和中间件技术。Red Hat 在 2008 年收购 Qumranet 公司，获得内核虚拟机（Kernel-based Virtual Machine，KVM）管理程序，确定虚拟化方向。Red Hat 虚拟化产品主要有服务器和桌面虚拟化 RHEV。

4. 3 种虚拟化软件的对比

虚拟化软件的功能直接影响云计算平台的部署，以此对虚拟化软件核心功能进行了比较，如表 10-1 所示。

表 10-1　虚拟化软件功能对比

软 件 特 点	VMware vSphere 6.0	Windows Server 2012 Hyper-V	Red Hat Enterprise Virtualization
最大虚拟 CPU 数	4096	2048	无限制
最大虚拟内存	4TB	1TB	4TB
客户机支持的操作系统	Windows，Linux，UNIX x86 和 x64 Windows XP，Vista,7,8	Windows 2003，2008，2012（仅某些 SPs 版本）Windows XP，Vista，7，8，Red Hat Enterprise Linux 5＋，Red Hat Enterprise Linux 6＋	Windows Server 2003，2008，2010,2012，Windows XP,7,8，Red Hat Enterprise Linux 3,4,5,6,7,Linux Enterprise Server 10,11,其他开源操作系统
虚拟机实时迁移	Y	Y	Y
支持集群系统	Y	Y	Y
省电模式	Y	N	Y
负载均衡调度	Y	Y	Y
共享资源池	Y	Y	Y
热添加虚拟机网卡、磁盘	Y	Y	Y
热添加虚拟处理器 vcpu 和 RAM	Y	N	N

10.2.3　资源池化技术

资源池是指云计算数据中心中所涉及到的各种硬件和软件的集合。云计算把所有计算的资源整合成计算资源池，所有存储的资源整合成存储资源池，把全部 IT 资源都变成一个个池子，再基于这些基础架构的资源池上面去建设应用，以服务的方式去交付资源。

例如，广州市通过云平台形成面向民生的公共数据资源池，并通过开通微信"城市服务"功能，将医疗、交管、交通、公安户政、出入境、缴费、教育、公积金等 17 项民生服务汇聚到统一的平台上,市民通过一个入口即可找到所需服务,诸如户口办理等基础服务也无须多次往返办事窗口,手机上即可一次性完结。由此可见,具有大数据分析能力的平台既可以基于数据开发更多的民生类应用,又可以将采集到的数据开放给公共数据资源池,进而形成积极利用大数据的氛围和良性循环。

1. 云计算资源池的应用原理

云计算资源池是通过虚拟化技术,将 IT 支撑系统的设备组成资源池系统,通过 IT 软硬件厂商提供的管理工具、协议和开放接口,实现对资源池中各种资源及设备的管理,并完成资源部署、配置、调度等操作任务。云计算资源池的结构如图 10-5 所示。

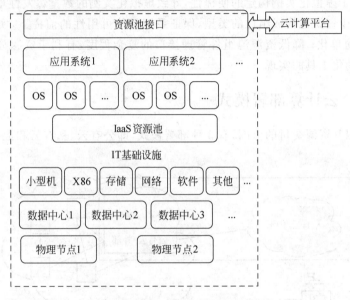

图 10-5 云计算资源池结构图

单节点的云计算资源池范围通常为一个物理节点,包含的 IT 资源分布在距离不超过数百米的同一个机楼内;跨物理地域的跨域云资源池系统的范围可以是一个物理地区,包含的 IT 资源可分布于跨地域的不同城市,内部可划分多个逻辑数据中心与逻辑资源池。

2. 云计算资源池的规划原则

云计算资源池的规划原则包括功能分类原则、容量匹配原则和一致化原则。

1)功能分类原则

功能分类原则是指在进行资源池规划时,根据对管理精细化程度的要求,按照资源能力的不同属性划分或定义不同的资源池。

如在私有云中,通常会定义 IP 地址资源池,以便将可用的 IP 地址分配给特定业务应用,但通常不会将某个服务器虚拟化集群的网络接口带宽定义为带宽资源池,因为在私有云中通常不会限制某个业务应用所占用的网络带宽;而在公有云中,就需要定义带宽资源池,以便将带宽分配给特定的虚拟机使用,从而避免影响其他租户的服务质量。

2)容量匹配原则

容量匹配原则是指在规划资源池时注意不同功能资源池间容量的相互匹配。

如某个由 20 台物理服务器构成的虚拟化计算资源池,如果按照 7∶1 的虚拟化整合比进行估算,可支持 140 台虚拟服务器运行,对应 IP 地址资源池则需要 140 个可用 IP 地址;如果每台服务器的平均存储空间 200GB,则对应的共享存储资源池可用容量应为 28TB。过多或过少的匹配资源会造成资源的浪费或短缺。

　　3) 一致化原则

　　一致化原则是指在规划资源池时,对于构成某个资源池或某类资源池的构成组件应尽量一致化,以减少构成组件管理能力上的差异,降低管理工作的复杂程度。

　　资源池是数据中心广泛使用虚拟化技术后新出现的管理对象,原有的管理对象不但没有减少,而且由于虚拟化实例构建的便捷性,导致虚拟化实例的数量爆发性增长。应用一致化原则,可以减少资源池构成组件的类型,保证系统整体可用性的前提下,实现运营维护流程的标准化和简单化;降低资源池组件管理接口的复杂程度,有利于资源分配管理和资源池构建管理自动化工具的实现。

10.2.4　云计算部署模式

　　云计算按照其资源交付的范围,有 3 种部署模式,即公有云、私有云和混合云,如图 10-6 所示。

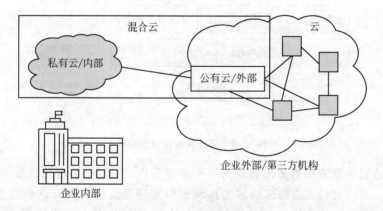

图 10-6　云计算部署模式

1. 公有云

　　公有云是指为外部客户提供服务的云。它所有的服务是供别人使用的,而不是自己用的。目前典型的公有云有 Microsoft 的 Windows Azure Platform、Amazon 的 AWS、Salesforce.com 及国内的阿里巴巴、用友伟库等。

　　对于使用者而言,公有云的最大优点是,其所应用的程序、服务及相关数据都存放在公共云的提供者处,自己无须做相应的投资和建设。目前最大的问题是,由于数据不存储在自己的数据中心,其安全性存在一定风险;同时,公有云的可用性不受使用者控制,这方面也存在一定的不确定性。

2. 私有云

　　私有云是指企业自己使用的云。它所有的服务不是供别人使用的,而是供自己内部人员或分支机构使用的。私有云的部署比较适合于有众多分支机构的大型企业或政府部门。

随着这些大型企业数据中心的集中化,私有云将会成为它们部署 IT 系统的主流模式。

相对于公共云,私有云部署在企业内部,因此其数据安全性、系统可用性都可由企业控制。但其缺点是投资较大,尤其是一次性的建设投资较大。

3. 混合云

混合云是指供自己和客户共同使用的云。它所提供的服务既可以供别人使用,也可以供自己使用。相比较而言,混合云的部署方式对提供者的要求较高。

云计算代表着未来信息技术的发展方向,在理念和模式上给传统的软硬件行业带来了巨大的变革。随着云计算技术的发展,其应用服务模式也将不断地丰富和发展,将为人们提供更加便捷的服务,进一步满足人们的需要。

10.3 云计算应用案例

在云计算技术的驱动下,云计算的发展及其所提供的社会化服务,为信息化改革提供了强大的技术支撑。本节内容中对常用的云计算应用案例进行了介绍。

【**例 10-1**】 申请百度网盘:百度网盘是一项云存储服务,首次注册即有机会获得 15GB 的空间,用户可以轻松把自己的文件上传到网盘上,并可以跨终端随时随地查看和分享。

操作步骤如下。

(1) 输入网址"http://pan.baidu.com/",进入"百度云网盘"网站,如图 10-7 所示。

图 10-7 "百度云 网盘"网站

(2) 进入百度网盘登录界面,用百度、微博或 QQ 账号登录。也可以单击下面的"立即注册百度账号"进行注册,如图 10-8 所示。

(3) 注册后,就获得了免费的 15GB 的百度网盘,可以开始使用了,如图 10-9 所示。

【**例 10-2**】 接入网易云信:网易云信是一项基于 PaaS 的即时通讯(Instant Messaging,IM)云服务,开发者通过调用云信软件开发工具包(Software Development Kit,SDK)和云端 API 的方法可以快速地接入 IM 即时通讯功能。

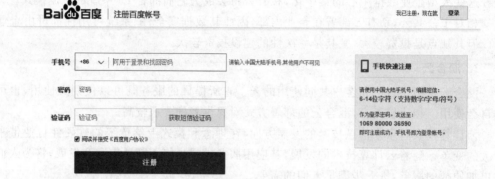

图 10-8　百度账号注册界面

图 10-9　百度网盘使用界面

操作步骤如下。

（1）输入网址"http:// netease. im"，进入"网易云信"网站，输入邮箱地址后可以注册云信账号，申请 IM 云服务的免费试用，如图 10-10 所示。

图 10-10　注册"网易云信"

（2）注册号可以登录管理后台界面，单击左侧导航条上的"创建应用"，并选择应用类型，如图 10-11 所示。

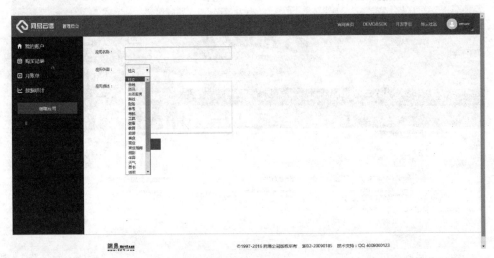

图 10-11 "创建应用"窗口

（3）创建应用后，可在 IM 基础功能下载中选择 SDK 类型，进行 APP 即时通讯功能的开发工作，如图 10-12 所示。

【例 10-3】 注册华为企业云：华为企业云提供包括云主机、云托管、云存储等一站式云计算基础设施服务。

操作步骤如下。

（1）输入网址"http://www.hwclouds.com"，进入"华为企业云"网站，单击界面左上角注册按钮，开始用户注册，如图 10-13 所示。

（2）单击"0 元免费体验"图标，在弹出的 4 种云服务器套餐列表中进行选择，如图 10-14 所示。

图 10-12　IM 基础功能下载窗口

图 10-13　华为企业云注册

图 10-14　申请华为云服务器

本章小结

云计算是引领信息社会创新的关键战略性技术手段。云计算的普及与运用,将引发未来新一代信息技术变革。云计算将改变 IT 产业,也会深刻地改变人们工作和生活的方式。通过本章的学习,希望读者在了解云计算的概念,熟悉云计算关键技术与安全知识的基础上,对自己的工作与生活有所启发和帮助。

习题 10

一、填空题

1. 云计算服务体系中所提到的 IaaS 是_____。

2. PaaS 针对开发者,把_____作为一种服务来提供。

3. 虚拟化是指计算在_____的基础上运行。

4. 网络虚拟化是指让一个物理网络支持多个_____。

5. 云计算资源池的规划原则包括功能分类原则、容量匹配原则和_____。

6. 云计算按照其资源交付的范围,有 3 种部署模式,即公有云、私有云和_____。

7. 云计算是一种用于对可配置共享资源池(网络、服务器、存储、应用和服务),通过网络方便的、_____的模型。

8. 云计算以数据为中心,以_____为手段来整合服务器、存储、网络、应用等在内的各种资源。

9. SaaS 针对的是_____,是通过互联网提供软件的服务模式。

10. 资源池是指云计算数据中心中所涉及到的各种_____的集合。

二、简答题

1. 简述美国国家标准与技术研究所 NIST 对云计算的定义。

2. 简述云计算的基本特征。

3. 简述 IaaS、PaaS 和 SaaS 的含义。

4. 简述云计算的部署模式。

5. 简述云计算中的虚拟化技术。

第 **11** 章

典型大数据解决方案

 **导学**

内容与要求

大数据技术的变革已经让不少行业体验到了更为智能、更为便捷的智慧生活。本章主要对国内外典型的大数据解决方案及相关案例进行介绍,使读者更好地了解大数据技术的实际应用。

"Intel 大数据"一节主要介绍 Intel 大数据解决方案、Intel Hadoop 与开源 Hadoop 的比较,以及在 Intel 大数据解决方案下的典型案例——中国移动广东公司详单、账单查询系统。

"百度大数据"一节主要介绍作为搜索引擎网站、利用其自身优势的大数据解决方案,以及百度大数据下提供的多种大数据分析案例。详细介绍百度预测中景点预测、欧洲赛事预测的具体使用方法及相应分析结果的查看方法。

"腾讯大数据"一节主要介绍腾讯大数据解决方案及其 Spark 应用的典型案例——广点通。

重点、难点

本章重点是了解各种大数据解决方案及相关案例,难点是掌握已经存在的大数据具体案例的应用方法。

随着大数据技术的发展,大数据的价值已经被认可,在国外,大数据的发展为大型的传统 IT 公司提出了新的发展课题,包括 Microsoft、IBM、Oracle 在内的拥有主流数据库技术的公司已经各自发布了明确的大数据解决方案,甚至连 Intel 这样的主要研发计算机硬件的公司也参与到了大数据技术发展中。在国内,以百度、腾讯、淘宝等为代表的互联网公司已经建立了各自的大数据平台。本章将对 Intel、百度和腾讯的大数据解决方案及典型案例进行介绍。

11.1 Intel 大数据

11.1.1 Intel 大数据解决方案

虽然 Hadoop 并不可以作为大数据的代名词,但当提到大数据架构时,人们还是会首先想到 Apache Hadoop。在 2012 年 7 月,Intel 对外发布了自己的 Hadoop 商业发行版(Intel Hadoop Distribution),Intel 也是大型大数据厂商中唯一拥有自行发行版 Hadoop 的公司。

1. 解决方案

Intel Hadoop 发行版包含了有关大数据的所有分析、集成及开发组件,并针对不同组合之间进行了更加深入的优化。同时,Intel Hadoop 发行版还添加了 Intel Hadoop 管理器(Intel Hadoop Manager)。该管理器从整个系统的安装、部署到配置与监控过程,提供了对平台的全方位管理,如图 11-1 所示。

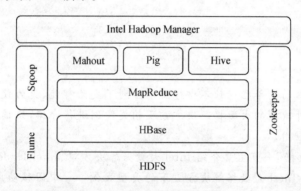

图 11-1　Intel 大数据解决方案

Intel 大数据解决方案中的各部分具体功能如下。

(1) HDFS:HDFS 作为 Hadoop 分布式文件系统,是运行在通用硬件上的分布式文件系统。

(2) HBase:HBase 是一个面向列的、实时的、分布式数据库,但不是一个关系型数据库。

(3) MapReduce:MapReduce 是一个高性能的批处理分布式计算框架,用来对海量数据进行并行处理和分析。

(4) Hive:Hive 是建立在 Hadoop 之上的数据仓库架构。Hive 采用 HDFS 进行数据存储,并利用 MapReduce 框架进行数据操作。

(5) Pig:Pig 是一个基于 Hadoop 并运用 MapReduce 和 HDFS 实现大规模数据分析的平台,Pig 为海量数据的并行处理提供了操作及编程实现的接口。

（6）Mahout：Mahout 是一套具有可扩充能力的机器学习类库，提供了机器学习框架。

（7）Sqoop：Sqoop 是一个可扩展的机器学习类库，与 Hadoop 结合后，Sqoop 可以提供分布式数据挖掘功能，并且是 Hadoop 和关系型数据库之间大量传输数据的工具。

（8）Flume：Flume 是一个高可用、高可靠性、分布式的海量日志采集、聚合和传输的系统。

（9）Zookeeper：Zookeeper 是 Hadoop 和 HBase 的重要组件，为分布式应用程序提供了协调服务包括系统配置维护、命名服务和同步服务等。

2. 优势

Intel 的 Hadoop 发行版针对现有实际案例中出现问题进行了大量的改进和优化，这些改进和优化弥补了开源 Hadoop 在实际案例中的缺陷和不足，并且提升了性能，具体如表 11-1 所示。同时，基于 Intel 在云计算研发上的经验积累，对实际案例解决提供了从项目规划到实施各阶段专业的咨询服务，因此，Intel 大数据解决方案更易于构建高可扩展及高性能的分布式系统。

表 11-1　Intel Hadoop 与开源 Hadoop 比较

Intel Hadoop	开源 Hadoop
针对 HDFS 的 DataNode 读取选取提供高级均衡算法	简单均衡算法，容易在慢速服务器或热点服务器上产生读写瓶颈
根据读请求并发程度动态增加热点数据的复制倍数，提高 MapReduce 任务扩展性	无法自动扩充倍数功能，在集中读取时扩展性不强，存在性能瓶颈
为 HDFS 的 NameNode 提供双机热备方案，提高可靠性	NameNode 是系统的单点破损点，一旦失败系统将无法读写
实现跨区域数据中心超级大表，用户应用可实现位置透明的数据读写访问和全局汇总统计	无此功能，无法进行跨数据中心部署
可将 HBase 表复制到异地集群，并提供单向、双向复制功能，实现异地容灾	没有成熟的复制方案
基于 HBase 的分布式聚合函数，效率比传统方式提高 10 倍以上	无成熟方案
实现对 HBase 的不同表的复制份数进行精细控制	无此功能

11.1.2　Intel 大数据相关案例

与许多国家一样，随着移动设备、快速 4G 连接、自助服务技术的快速发展，账户相关信息查询服务日益受到用户的青睐，因此中国移动广东公司为用户提供了网络详单、账单查询系统。该系统的原有解决方案存在以下问题。

（1）计费系统维护成本高，使计费业务单位的盈利能力减弱。

（2）高科技个性化的用户支持模式不可扩展，无法应对爆炸性的用户需求增长。

（3）数据库解决方案无法满足存储规模和实时查询要求，无法为用户提供满意的服务。

针对以上问题，Intel 提供了 Intel Hadoop 和至强 TM5600 处理器解决方案，如图 11-2 所示。

新的方案解决了以下问题。

（1）优化硬件性能，以处理大数据。使用专为 Hadoop 软件而优化的至强 TM5600 系

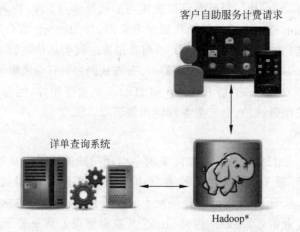

图 11-2　Intel 基于大数据量优化的软硬件解决方案

列通用计算平台取代原有平台,降低总拥有成本及提高性能。

(2) 基于 Hadoop 的实时分析。采用 Intel Hadoop 发行版来消除数据访问瓶颈,并发现用户使用习惯,开展更有针对性的营销和促销活动。

(3) 利用 Hadoop 布式数据库(HBase)扩展存储。Intel Hadoop 发行版中增强了 HBase 的功能,可以跨节点自动分割数据表,降低存储扩展成本。

Intel 基于大数据量优化的软硬件解决方案使中国移动广东公司的个人用户能够查询并在线支付话费,准确实时查询 6 个月内的电话详单,账单明细检索查询速度是 300 000 份账单/秒,账单插入速度是 800 000 份账单/秒,目前每月无缝处理 30Tb 的用户计费数据。查询性能提高了 30 倍,从而大大地提高了新系统的处理性能。中国移动广东公司的话费查询网址为"http://gd.10086.cn/service/"。

11.2　百度大数据

11.2.1　百度大数据引擎

百度大数据拥有 EB 级别的超大数据存储和管理规模,数据计算能力达到 100PB/天,响应速度达到了毫秒级。为了充分地发掘和利用大数据的价值、向外界提供大数据存储、分析及挖掘的技术能力,百度推出了百度大数据引擎,这也是全球首个开放大数据引擎。如图 11-3 所示,百度大数据引擎主要包含开放云、数据工厂和百度大脑三大组件。

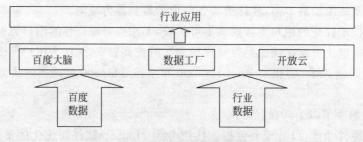

图 11-3　百度大数据引擎

百度大数据引擎中三大组件的具体功能如下。

(1) 开放云可以将企业原本价值密度低、结构多样的小数据汇聚成可虚拟化、可检索的大数据,解决数据存储和计算瓶颈。

(2) 数据工厂实现数据加工、处理和检索,把数据关联起来,从中分析出所需要的价值。

(3) 百度大脑是建立在百度深度学习和大规模机器学习基础上,最终实现更具前瞻性的智能数据分析及预测功能,以实现数据智能、支持科学决策与创造。

这三大组件作为三级开放平台支撑百度核心业务及其拓展业务,并作为独立或整体的开放平台,给各行各业提供支持和服务。

11.2.2　百度大数据＋平台

百度开放数据具有海量数据积累、目标用户分析、前沿模型算法和高效计算能力四大优势。利用积累已久的海量数据和技术,百度于 2015 年 9 月正式发布百度大数据＋平台(http://bdp.baidu.com/),百度大数据＋平台具体组成如图 11-4 所示。

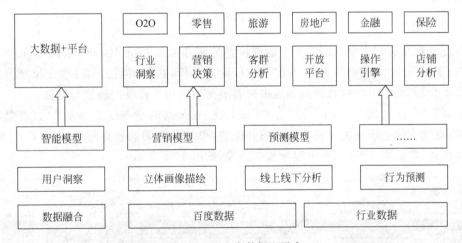

图 11-4　百度大数据＋平台

在图中可以看到百度大数据＋平台提供了多个产品服务组件:行业洞察、营销决策、客群分析、开放平台、店铺分析等,并开放了六大行业:O2O、零售、旅游、房地产、金融、保险,以实现大数据应用的落地和突破。百度大数据＋平台基于海量数据积累,实现行业趋势洞察、客群精准触达、科学营销决策、风险危机防控等核心价值。

11.2.3　相关应用

1. 百度预测

百度预测(http://trends.baidu.com/)是基于海量的数据处理能力,利用机器学习、深度学习等手段建立模型,来实现公众生活的预测业务。目前,在百度预测产品中已经推出了景点舒适度预测、高考预测、世界杯预测等服务。

以世界杯预测为例,在 2014 年巴西世界杯的四分之一决赛前,百度、谷歌、微软和高盛分别对四强结果进行了预测,结果显示:百度、微软结果预测完全正确,而谷歌则预测正确3

支晋级球队；在小组赛阶段的预测，谷歌缺席，微软、高盛的准确率也低于百度。总体来看，无论是小组赛还是淘汰赛，百度的世界杯结果预测中均领先于其他公司。最终，百度又成功预测了德国队夺冠，如图11-5所示。

	胜率		胜率			
德国	59%		41%	阿根廷	最终比赛结果 德国1∶0阿根廷	准确预测

图 11-5　百度2014年世界杯预测

2. 疾病预测

百度与中国疾病预防控制中心（Centers for Disease Control，CDC）合作开发的疾病预测产品，基于对网民每日更新的互联网搜索的分析、建模，实时反馈流感、手足口、性病、艾滋病等传染病，糖尿病、高血压、肺癌、乳腺癌等流行病的爆发数据，并预测疾病流行趋势，通过大数据分析能力实现人群疾病分布关联分析等，为国家疾病控制机构传统监测体系提供了有力的补充。

3. 百度迁徙

百度迁徙是利用百度地图的基于地理位置的服务（Location Based Services，LBS）开放平台、百度天眼，对其拥有的 LBS 大数据进行计算分析，并采用创新的可视化呈现方式，首次实现了全程、动态、即时、直观地展现中国春节前后人口大迁徙的轨迹与特征。

最新版"百度迁徙"于 2015 年 2 月 15 日上线，一个新的亮点就是加入了"百度慧眼"功能，可以看到全国范围内的飞机实时动态和位置，单击要查询的航班图标，还可以查看航班的具体信息，包括起降时间、飞机型号和机龄等，如图11-6所示。

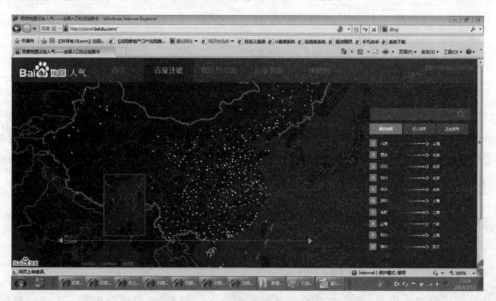

图 11-6　百度迁徙

4. 旅游信息统计与预测

在旅游信息预测方面，九寨沟景区通过与百度大数据的合作，利用百度大数据提供的客流量预测服务,在景区网站进行实时客流量预测呈现,提前预知当日及未来2日九寨沟客流量,方便游客进行行前决策;同时景区结合百度预测结果,制订不同客流量下景区安全运营人力及运力安排方案,在旅游小长假及黄金周有效进行相应安排及游客疏导,提升景区运营效率及游客游览体验。随着全国更多景区与百度的合作,在百度预测中,游客可以看到全国范围内很多景区的信息预测结果,具体见本章。

5. 百度指数

百度指数(http://index.baidu.com/)是以百度海量网民行为数据为基础的数据分享平台,是当前互联网时代重要的统计分析平台之一,自发布之日便成为众多企业营销决策的重要依据。百度指数能够告诉用户:某个关键词在百度的搜索规模有多大、一段时间内的涨跌态势以及相关的新闻舆论变化、关注这些词的网民是什么样的、分布在哪里、同时还搜索了哪些相关的关键词,以此来帮助用户优化数字营销活动方案。

例如,通过百度指数对"2016北京车展"进行分析,得到如图11-7所示的分析结果。图中显示了车展每天的网民搜索指数,随着车展的进行,搜索指数是在上升的。

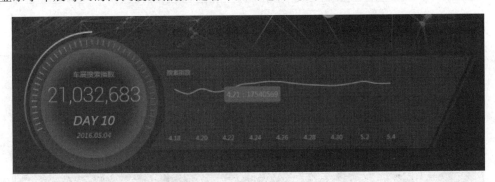

图11-7 "2016北京车展"百度搜索指数分析结果

11.2.4 百度预测的使用方法

1. 景点预测

通过输入网址"http://trends.baidu.com/",进入"百度预测"首页,然后单击"景点预测"按钮 ,进入"景点预测"界面,如图11-8所示,默认的界面为全国热点景区预测结果。

在该界面下,单击已出现的景区,如北京"故宫",可以看到该景点的拥挤指数的预测及天气情况的介绍。也可以单击"30天趋势"按钮,进一步地查看该景点的未来2天的趋势预测,如图11-9所示。

如果要查看感兴趣的其他城市的景点,可以通过在图11-8所示的"景点预测"首页中右上角显示"全国"的位置,通过下拉列表查看其他城市景点预测。

2. 欧洲赛事预测

通过输入网址"http://trends.baidu.com/",进入"百度预测"首页,然后单击"欧洲赛事预测"按钮 ,进入"欧洲赛事预测"界面,如图11-10所示。

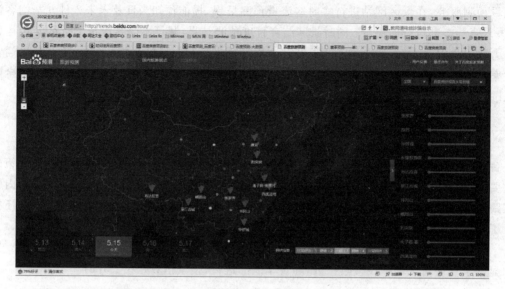

图 11-8   百度景点预测

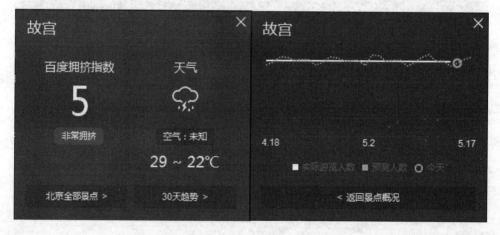

图 11-9   北京故宫百度景点预测结果

在图 11-10 中单击"意甲"按钮后,可以看到当前"意甲"6 场比赛的预测结果,如果对其中某场比赛感兴趣,可以进一步地查看针对这场比赛的各种预测结果。如单击"拉齐奥对弗罗伦萨",看到的进一步预测结果如图 11-11 所示。

在图 11-11 中可以看到两支球队的该场比赛的拉齐奥胜率预测是 47％、平局率预测是 27％、弗罗伦萨胜率预测是 26％,还可以看到 2013 年至今的球队实力走势(其中整体位于下方的曲线代表拉齐奥,整体位于上方的曲线代表弗罗伦萨),还有比分预测的结果。图 11-11 右上角的雷达图进一步地说明了该场比赛的球队实力、赛前状态、球场优势、联赛能力等信息。通过该雷达图可以看到拉齐奥队与弗罗伦萨队在球队实力、联赛能力的比较上相当,在赛前状态和球场优势的比较上,拉齐奥队更胜一筹。

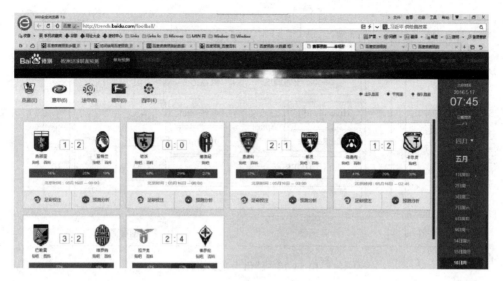

图 11-10　百度欧洲赛事预测——意甲

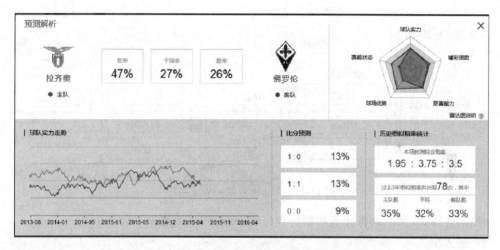

图 11-11　"拉齐奥对弗罗伦萨"的预测解析

11.3　腾讯大数据

11.3.1　腾讯大数据解决方案

腾讯作为互联网企业,在 2009 年开始探索建设大数据平台,经过从批量计算到实时计算、从离线查询到即席查询的阶段发展,逐步地形成一套以 TDW(离线计算)、TRC(实时计算)、TDBank(数据接入)、TPR(精准推荐)、Gaia(集群调度)为核心模块的大数据体系——腾讯大数据套件,如图 11-12 所示。腾讯大数据套件由大数据平台与集群控制台两大平台构成。

(1) 大数据平台面向数据开发人员,整合各种大数据基础系统,组合成特定的数据流水线。

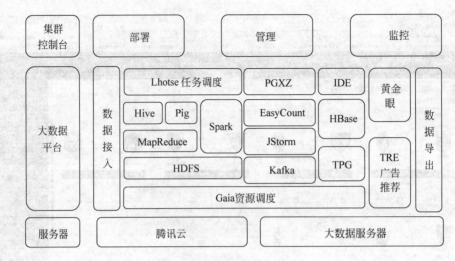

图 11-12　腾讯大数据套件

（2）集群控制台面向运维人员，统一管理大数据平台的系统，提供集群部署与管控的功能。

一条常用的、完整的大数据处理流水线通常由"接入、存储、计算、输出、展示"5 个环节组成，如图 11-13 所示。

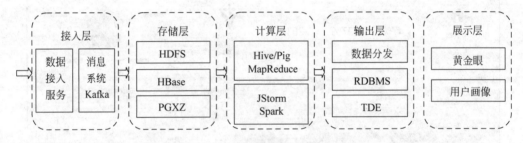

图 11-13　常用大数据处理流水线

依据图 11-13 所示的常用大数据处理流程，介绍腾讯大数据平台如下。

1）接入层

- 数据接入服务：支持通过 FTP、SFTP、HTTP 协议从外部接入数据；
- Kafka：分布式消息系统，作为平台的数据中转站，负责将接入数据推送到若干下游系统。

2）存储层

- HDFS：Hadoop 分布式文件系统；
- HBase：基于 HDFS 的分布式列式数据库，提供高速的随机读写能力；
- PGXZ：分布式 PostgreSQL 数据库系统。通过数据库事务分流、数据分布式存储以及并行计算，提高数据库的性能和稳定性；
- TPG：基于传统数据库 PostgreSQL 改造，主要承担小规模数据的处理、对大规模数据框架的补充。

3）计算层

- MapReduce：大规模数据集的并行计算框架，适合离线批量的数据处理；

- Hive：基于 Hadoop 的数据仓库工具，提供 SQL 语言的数据处理接口；
- Pig：基于 Hadoop 的大规模数据分析平台，提供脚本接口的数据处理；
- Tez：基于 Hadoop 的查询处理框架。作为支撑 Pig、Hive 的新一代计算引擎，大幅提高查询性能；
- Spark：新一代的大规模数据并行计算框架，充分利用集群内存资源来分布数据集，大幅提高计算性能；
- JStorm：实时流式计算框架，对 Hadoop 批量计算的补充；
- EasyCount：基于 JStorm 的流式计算平台，提供 SQL 语言的编程接口。

4）输出层
- 数据分发服务：支持通过 FTP、SFTP、HTTP 协议将数据分发到外部；
- TDE：基于全内存的分布式存储系统。它提供高效的数据读写能力，使得流式计算引擎产生的结果能快速被外部系统使用。

5）展示层
- 黄金眼：可视化运营报表工具，提供标准化的报表模块；
- 用户画像：建立在一系列真实数据之上的目标用户模型。

6）任务调度

数据流水线完成某个数据处理任务，不仅需要单个环节的处理能力，更需要对各个环节整体的衔接调度能力。大数据平台集成了腾讯自研的 Lhotse 系统，作为数据流水线的调度编排中心。

11.3.2 相关实例

腾讯广点通（http://e.qq.com/）是基于腾讯社交网络体系的效果广告平台。通过广点通，用户可以在 QQ 空间、QQ 客户端、微信等诸多平台投放广告，进行产品推广。作为主动型的效果广告，广点通能够智能地进行广告匹配，并高效地利用广告资源。移动互联网环境下，广点通可覆盖 Android、IOS 系统，广告形式包括 Banner 广告、插屏广告等诸多种类。

广点通将广告进行排名，排名越靠前获得的曝光机会就越大，排名原则如图 11-14 所示。对于刚上线的广告，广点通会赋予一个平均点击率及点击转化率作为初始值。

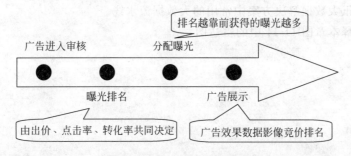

图 11-14　腾讯广告排名原则

广点通是最早使用 Spark 的应用之一。腾讯大数据精准推荐借助 Spark 快速迭代的优势，实现了在"数据实时采集、算法实时训练、系统实时预测"的全流程实时并行算法，支持每天上百亿的请求量。利用 Spark 的快速查询等优势，承担了数据的即席查询工作，在性能方面,普遍比 Hive 高 2~10 倍。

本章小结

本章主要介绍了几个国内外典型的大数据平台及在此平台上的相关具体应用,包括 Intel 大数据解决方案、百度大数据解决方案和腾讯大数据解决方案。其中 Intel 公司的大数据解决方案针对各种行业的大数据需求,百度大数据主要针对生活中各方面对大数据的需求,腾讯大数据中的广点通是国内最早应用 Spark 的大数据应用之一。

习题 11

一、填空题

1. 腾讯大数据平台中的黄金眼是指＿＿＿＿＿＿。

2. Intel Hadoop 中,为整个平台提供全方位管理的部分是＿＿＿＿＿＿。

3. 发布了自己的 Hadoop 商业发行版(Apache Hadoop Distribution)的公司是＿＿＿＿＿＿。

4. 百度大数据引擎的 3 大组件是＿＿＿＿＿＿。

5. Intel Hadoop 和开源 Hadoop 中实现了跨区域数据中心部署的是＿＿＿＿＿＿。

6. 腾讯大数据平台下,一条常用的、完整的大数据处理流水线通常包括＿＿＿＿＿＿五个环节。

7. 腾讯广点通是基于腾讯社交网络体系的效果广告平台,是最早使用＿＿＿＿＿＿的应用之一。

8. 百度指数(http://index.baidu.com/)是以百度＿＿＿＿＿＿为基础的数据分享平台。

二、简答题

1. 简述 Intel 的 Hadoop 与开源 Hadoop 的区别。

2. 通过网络实践,使用"百度预测",观察赛事预测和景区预测的实时结果。

3. 简述腾讯大数据解决方案中常用的大数据流水线。

4. 简要解释本章图 11-11 中的雷达图。

附录 A

习 题 答 案

习题 1 答案

一、填空题

1. 100TB　PB
2. 结构化数据、半结构化数据和非结构化数据
3. 管理信息系统、网络信息系统、物联网系统、科学实验系统
4. 被动式生成数据、主动式生成数据、感知式生成数据
5. 数据产生方式、数据采集密度、数据源、数据处理方式
6. 数据抽取与集成、数据分析、数据解释
7. Volume、Variety、Velocity、Value、On-Line
8. 基础层、管理层、分析层、应用层
9. 数据采集、数据存取、基础架构、数据处理、统计分析、数据挖掘、模型预测和结果呈现
10. Hadoop、Spark、Storm、Apache Drill

二、简答题

1. 传统数据与大数据的特点比较参见表 1-1。
2. 大数据在社会生活的各个领域得到了广泛的应用,如科学计算、金融、社交网络、移动数据、物联网、医疗、网页数据等。
3. 4 层堆栈式技术架构参见图 1-4。
4. 在医疗卫生行业,能够利用大数据避免过度治疗、减少错误治疗和重复治疗,从而降低系统成本,提高工作效率,改进和提升治疗质量。

习题 2 答案

一、填空题

1. 半结构化　　　　　　2. 互联网数据　　　　　　3. 互联网数据
4. 快速化　　　　　　　5. 对非结构化数据的采集　6. 物联网
7. 网站公开 API　　　　8. 万维网信息　　　　　　9. 数据集成
10. 数据清洗

二、简答题

1. 大数据的数据采集是在确定用户目标的基础上，针对该范围内所有结构化、半结构化和非结构化的数据的采集。采集后对这些数据进行处理，从中分析和挖掘出有价值的信息。

2. 传统的数据采集与大数据的数据采集的不同在于数据来源、数据量，但最终目的都是对采集后的数据进行处理，然后挖掘出有价值的信息。

3. 按照数据来源划分，大数据的三大主要来源为商业数据、互联网数据与传感器数据。其中，商业数据来自于企业 ERP（企业资源计划）系统、各种 POS 终端及网上支付系统等业务系统；互联网数据来自于通信记录及 QQ、微信、微博等社交媒体；物联网数据来自于射频识别装置、全球定位设备、传感器设备、视频监控设备等。

4. 大数据采集的技术方法主要包括系统日志采集方法、对非结构化数据的采集和其他数据采集方法。

系统日志采集方法：很多互联网企业都有自己的海量数据采集工具，多用于系统日志采集，如 Hadoop 的 Chukwa、Cloudera 的 Flume、Facebook 的 Scribe 等。

对非结构化数据的采集：非结构化数据的采集就是针对所有非结构化的数据的采集，包括企业内部数据的采集和网络数据采集等。企业内部数据的采集是对企业内部各种文档、视频、音频、邮件、图片等数据格式之间互不兼容的数据采集。网络数据采集是指通过网络爬虫或网站公开 API 等方式从网站上获取互联网中相关网页内容的过程，并从中抽取出用户所需要的属性内容。

其他数据采集方法：对于企业生产经营数据或学科研究数据等保密性要求较高的数据，可以通过与企业或研究机构合作，使用特定系统接口等相关方式采集数据。

5. 大数据预处理的方法主要包括数据清洗、数据集成、数据变换和数据规约。

习题 3 答案

一、填空题

1. 对规模巨大的数据进行分析　2. 数据挖掘算法　　3. 数据预处理
4. 知识计算　　　　　　　　　5. 知识库　　　　　　6. 特征图
7. 对在线数据的实时处理　　　8. Hadoop　　　　　　9. Spark
10. Trinity

二、简答题

1. 整个处理流程可以分解为：定义问题、数据理解、数据采集、数据预处理、数据分析、分析结果解析等。

提出问题：制定具体需要解决的问题。大数据理解：利用业务知识来认识数据。大数据的采集：实现对结构化和非结构化数据的采集。大数据的预处理：在数据导入时做一些简单的清洗，对某些有实时计算需求的业务进行流式计算。大数据分析：主要利用分布式数据库，或者分布式计算集群来对存储于其内的海量数据进行分析。结果的解析：对结果的理解可以通过可视化和人机交互等技术来实现。

2. 深度学习是一种能够模拟出人脑的神经结构的机器学习方式，从而能够让计算机具有人一样的智慧。其利用层次化的架构学习出对象在不同层次上的表达。

3. 知识计算是从大数据中首先获得有价值的知识，并对其进行进一步深入的计算和分析的过程。也就是要对大数据中先抽取出有价值的知识，并把它构建成可支持查询、分析与计算的知识库。

4. 批量数据通常是数据体量巨大，如数据从 TB 级别跃升到 PB 级别，且是以静态的形式存储。这种批量数据往往是从应用中沉淀下来的数据，如医院长期存储的电子病历等。对这样数据的分析通常使用合理的算法，才能进行数据计算和价值发现。

5. 流式数据是一个无穷的数据序列，序列中的每一个元素来源不同，格式复杂，序列往往包含时序特性。流式数据处理常见于服务器日志的实时采集，将 PB 级数据的处理时间缩短到秒级。数据流中的数据格式可以是结构化的、半结构化的甚至是非结构化的。

习题 4 答案

一、填空题

1. 数据可视化　　　　2. 可视化元素　　　　3. 传递

4. 可视化　　　　　　5. 连接数据　　　　　6. 智能显示

7. 单个仪表板　　　　8. 故事点　　　　　　9. 故事

10. Tableau Server

二、简答题

1. 数据可视化是关于数据的视觉表现形式的科学技术研究。其中，这种数据的视觉表现形式被定义为一种以某种概要形式抽提出来的信息，包括相应信息单位的各种属性和变量。

大数据可视化可以理解为数据量更加庞大、结构更加复杂的数据可视化。

2. 大数据可视化的过程主要有以下 9 个方面。

（1）数据的可视化。

（2）指标的可视化。

（3）数据关系的可视化。

（4）背景数据的可视化。

（5）转换成便于接受的形式。

（6）聚焦。

（7）集中或者汇总展示。

（8）扫尾的处理。

（9）完美的风格化。

3．在大数据时代，数据可视化工具必须具有以下特性。

（1）实时性：数据可视化工具必须适应大数据时代数据量的爆炸式增长需求，快速地收集分析数据并对数据信息进行实时更新。

（2）简单操作：数据可视化工具满足快速开发、易于操作的特性，能满足互联网时代信息多变的特点。

（3）更丰富的展现：数据可视化工具需具有更丰富的展现方式，能充分地满足数据展现的多维度要求。

（4）多种数据集成支持方式：数据的来源不仅仅局限于数据库，数据可视化工具将支持团队协作数据、数据仓库、文本等多种方式，并能够通过互联网进行展现。

4．在 Tableau 中连接数据：

（1）选择数据源：在 Tableau 的工作界面的左侧显示可以连接的数据源。

（2）打开数据文件：这里以 Excel 文件为例，选择 Tableau 自带的"超市.xls"文件。

（3）设置连接：超市.xls 中有 3 个工作表，将工作表拖至联接区域就可以开始分析数据了。

5．单击"故事"|"新建故事"命令，打开"故事"视图。从"仪表板和工作表"区域中将视图或仪表板拖至中间区域。

在导航器中，单击故事点，可以添加标题。单击"新空白点"，添加空白故事点，继续拖入视图或仪表板。单击"复制"按钮，创建当前故事点的副本，然后可以修改该副本。

习题 5 答案

一、填空题

1．分布式系统基础架构　　2．两　　3．分布式文件系统

4．一个对大型数据集进行分析和评估的平台　5．一个分布式的、面向列的开源数据库

6．存储和传输　　7．数据收集系统　　8．MapReduce

二、简答题

1．第一代 Hadoop 由一个分布式文件系统 HDFS 和一个离线计算框架 MapReduce 组成；第二代 Hadoop 则包含一个支持 NameNode 横向扩展的 HDFS，一个资源管理系统 Yarn 和一个运行在 Yarn 上的离线计算框架 MapReduce。

2．参见表 5-2。

3．Hadoop 从数据处理的角度看，存在一定问题。MapReduce 目前存在问题的本质原因是其擅长处理静态数据，处理海量动态数据时必将造成高延迟。由于 MapReduce 的模型比较简单，造成后期编程十分困难，一个简单的计数程序也需要编写很多代码。

习题6答案

一、填空题

1. Hadoop　　　　2. 分布式文件系统　　　3. 存储

4. API　　　　　5. NameNode　　　　6. Secondary NameNode

7. DataNode　　　8. 主从　　　　　9. NameNode

10. Common

二、简答题

1. Metadata 是元数据,元数据信息包括名称空间、文件到文件块的映射、文件块到 DataNode 的映射三部分。

NameNode 是 HDFS 系统中的管理者,负责管理文件系统的命名空间,维护文件系统的文件树及所有的文件和目录的元数据。在一个 Hadoop 集群环境中,一般只有一个 NameNode,它成为了整个 HDFS 系统的关键故障点,对整个系统的运行有较大的影响。

Secondary NameNode 是以备 NameNode 发生故障时进行数据恢复。它的职责是合并 NameNode 的 edit logs 到 fsimage 文件中。

DataNode 是 HDFS 文件系统中保存数据的节点。根据需要存储并检索数据块,受客户端或 NameNode 调度,并定期向 NameNode 发送它们所存储的块的列表。

Client 是客户端,HDFS 文件系统的使用者。它通过调用 HDFS 提供的 API 对系统中的文件进行读写操作。

块是 HDFS 中的存储单位,默认为 64MB。在 HDFS 中文件被分成许多一定大小的分块,作为单独的单元存储。

2. (1)高效的硬件响应。(2)流式数据访问。(3)大规模数据集。(4)简单的一致性模型。(5)异构软硬件平台间的可移植性。

3. (1) 连线①：NameNode 是管理者,对 Metadata 元数据进行管理。

(2) 连线②：当 NameNode 发生故障时,使用 Secondary NameNode 进行数据恢复。

(3) 连线③：HDFS 中的文件通常被分割为多个数据块,以冗余备份的形式存储在多个 DataNode 中。

(4) 连线④：NameNode 中保存了每个文件与数据块所在的 DataNode 的对应关系,并管理文件系统的命名空间。DataNode 定期向 NameNode 报告其存储的数据块列表,以备使用者直接访问 DataNode 获得相应的数据。DataNode 还周期性的向 NameNode 发送心跳信号提示是否工作正常。

(5) 连线⑤：Client 是 HDFS 文件系统的使用者,在进行读写操作时,Client 需要先从 NameNode 获得文件存储的元数据信息。

(6) 连线⑥⑦：Client 与相应的 DataNode 进行数据读写操作。

4. (1) Client 向 NameNode 发送读请求(连线①)。

(2) NameNode 查看 Metadata 信息,返回 File A 的 Block 的位置(连线②)。

　　Block1 位置：host2,host1,host3；Block2 位置：host7,host8,host4。

(3) Block 的位置是有先后顺序的,先读 Block1,再读 Block2。而且 Block1 去 host2

上读取；然后 Block2 去 host7 上读取。

5. (1) Client 将 FileA 按 64MB 分块。分成两块，Block1 和 Block2。

(2) Client 向 NameNode 发送写数据请求（连线①）。

(3) NameNode 记录着 Block 信息，并返回可用的 DataNode（连线②）。

   Block1 位置：host2,host1,host3 可用；Block2 位置：host7,host8,host4 可用。

(4) Client 向 DataNode 发送 Block1，发送过程是以流式写入。流式写入过程如下。

   ① 将 64MB 的 Block1 按 64KB 大小划分成 package。

   ② Client 将第一个 package 发送给 host2。

   ③ host2 接收完后，将第一个 package 发送给 host1；同时 Client 向 host2 发送第二个 package。

   ④ host1 接收完第一个 package 后，发送给 host3；同时接收 host2 发来的第二个 package。

   ⑤ 以此类推，直到将 Block1 发送完毕。

   ⑥ host2、host1、host3 向 NameNode，host2 向 Client 发送通知，说明消息发送完毕。

   ⑦ Client 收到 host2 发来的消息后，向 NameNode 发送消息，说明写操作完成。这样就完成 Block1 的写操作。

   ⑧ 发送完 Block1 后，再向 host7、host8、host4 发送 Block2。

   ⑨ 发送完 Block2 后，host7、host8、host4 向 NameNode、host7 向 Client 发送通知。

   ⑩ Client 向 NameNode 发送消息，说明写操作完成。

习题 7 答案

一、填空题

1. 面向大数据并行处理的计算模型、框架和平台

2. 结构化数据、半结构化数据和非结构化

3. Master/Slave（主/从）

4. 把一个函数应用于集合中的所有成员

5. 对多个进程或者独立系统并行执行

6. Split

7. 混合、分区、排序、复制及合并

8. 映射

9. Job

10. Tasks（任务）

二、简答题

1. MapReduce 功能是采用分而治之的思想，把对大规模数据集的操作，分发给一个主节点管理下的各个分节点共同完成，然后通过整合各个节点的中间结果，得到最终结果。

2. 易于使用；良好的伸缩性；大规模数据处理。

3. (1) Jobtracker 是 Mapreduce 的集中处理点,存在单点故障。

(2) Jobtracker 完成了太多的任务,造成了过多的资源消耗,当 Job 非常多的时候,会造成很大的内存开销,增加了 Jobtracker 失败的风险。

(3) 在 Tasktracker 端,以 Map/Reduce Task 的数目作为资源的表示过于简单,没有考虑到 CPU 内存的占用情况,如果两个大内存消耗的 Task 被调度到了一块,容易出现内存溢出。

(4) 在 Tasktracker 端,把资源强制划分为 Map Task 和 Reduce Task,如果当系统中只有 Map Task 或者只有 Reduce Task 的时候,会造成资源的浪费。

(5) 源代码层面分析的时候,会发现代码非常的难读。

(6) 从操作的角度来看,MapReduce 在比如 Bug 修复、性能提升和特性化等并不重要的系统更新时,都会强制进行系统级别的升级。Mapreduce 不考虑用户的喜好,强制让分布式集群中的每一个 Client 同时更新。

4. (1) MapReduce 在客户端启动一个作业。

(2) Client 向 JobTracker 请求一个 JobID。

(3) Client 将需要执行的作业资源复制到 HDFS 上。

(4) Client 将作业提交给 JobTracker。

(5) JobTracker 在本地初始化作业。

(6) JobTracker 从 HDFS 作业资源中获取作业输入的分割信息,根据这些信息将作业分割成多个任务。

(7) JobTracker 把多个任务分配给在与 JobTracker 心跳通信中请求任务的 TaskTracker。

(8) TaskTracker 接收到新的任务之后会首先从 HDFS 上获取作业资源,包括作业配置信息和本作业分片的输入。

(9) TaskTracker 在本地登录子 JVM。

(10) TaskTracker 启动一个 JVM 并执行任务,并将结果写回 HDFS。

5. MapReduce 架构由 4 个独立节点组成,分别为 Client、JobTracker、TaskTracker 和 HDFS,其中:

(1) Client:用来提交 MapReduce 作业。

(2) JobTracker:用来初始化作业、分配作业并与 TaskTracker 通信并协调整个作业。

(3) TaskTracker:将分配过来的数据片段执行 MapReduce 任务,并保持与 JobTracker 通信。

(4) HDFS:用来在其他节点间共享作业文件。

习题 8 答案

一、填空题

1. Hbase   2. 结构化数据、半结构化数据和非结构化数据

3. 易扩展性、灵活的数据模型、高可用性   4. Consistency、一致性

5. 范围   6. 大数据缓存   7. 映射关系

8. 列　　　　9. 面向文档存储　　　　10. 图形存储

二、简答题

1. NoSQL 即 Not Only SQL,是指数据管理方式不仅仅只限于关系型。NoSQL 越来越多地被认为是关系型数据库的可行替代品,特别适用于大数据的存储。传统的关系型数据库因其对数据模式的约束程度高和对分布式存储的支持度差等因素,已经无法满足复杂、海量的数据存储。NoSQL 数据存储方案就可以针对目前数据表现出的数量大、结构复杂、格式多样、存储要求不一致等特点,表现出良好的特性。

2. CAP,即一致性(Consistency)、可用性(Availability)和分区容错性(Partition Tolerance)。对于分布式数据系统,分区容忍性是基本要求,那么在一致性和可用性之间就必须进行取舍,因为如果严格地遵从强一致性,就会使得系统无限制的进行数据计算和处理,这样就会严重地影响数据的可用性。

3. 包括范围分区、列表分区和哈希分区。范围分区是最早出现的数据分区算法,也是最为经典的一个。所谓范围分区,就是将数据表内的记录按照某个属性的取值范围进行分区;列表分区主要应用于各记录的某一属性上的取值为一组离散数值的情况,且数据集合中该属性在这些离散数值上的取值重复率很高。采用列表分区时,可以通过所要操作的数据直接查找到其所在分区;哈希分区需要借助哈希函数,首先把分区进行编号,然后通过哈希函数来计算确定分区内存储的数据。这种方法要求数据在分区上的分布是均匀的。

4. 大数据缓存其实主要使用的是分布式缓存技术,这项技术是为了提高系统的数据查询性能,在应用程序和数据库之间加上一道缓冲屏障,将需要频繁访问的数据库服务器设为缓存,因为分布式缓存可以横跨多个服务器,所以可以对其灵活地进行扩展。

习题 9 答案

一、填空题

1. 迭代	2. Spark	3. Scala	4. 分布式并行
5. 速度	6. 内存	7. Cluster Manager	8. Data Manager
9. Spark Runtime	10. 弹性分布式数据集	11. RDD	12. Transformation
13. Action	14. 有向无环图	15. Spark SQL	16. MLlib
17. GraphX	18. Spark Streaming	19. RDD	20. 实时流数据

二、简答题

1. (1) 抽象层次低,需要手工编写代码来完成,用户难以上手使用。

　(2) 只提供两个操作,Map 和 Reduce,表达力欠缺。

　(3) 处理逻辑隐藏在代码细节中,没有整体逻辑。

　(4) 中间结果也放在 HDFS 文件系统中,中间结果不可见,不可分享。

　(5) ReduceTask 需要等待所有 MapTask 都完成后才可以开始。

　(6) 延时长,响应时间完全没有保证,只适用批量数据处理,不适用于交互式数据处理和实时数据处理。

　(7) 对于图处理和迭代式数据处理性能比较差。

2. 参见表 9-1。

3. (1) Hadoop 中数据的抽取运算是基于磁盘的,中间结果也存储在磁盘上。所以, MapReduce 运算伴随着大量的磁盘的 I/O 操作,运算速度严重受到了限制。

　　(2) Spark 将操作过程中的中间结果存入内存中,下次操作直接从内存中读取,省去了大量的磁盘 I/O 操作,效率也随之大幅提升。

4. (1) 底层的 Cluster Manager 和 Data Manager:Cluster Manager 负责集群的资源管理;Data Manager 负责集群的数据管理。

　　(2) 中间层的 Spark Runtime,即 Spark 内核。它包括 Spark 的最基本、最核心的功能和基本分布式算子。

　　(3) 最上层为 4 个专门用于处理特定场景的 Spark 高层模块:Spark SQL、MLlib、GraphX 和 Spark Streaming,这 4 个模块基于 Spark RDD 进行了专门的封装和定制,可以无缝结合,互相配合。

5. RDD(Resilient Distributed Datasets)即弹性分布式数据集,可以简单地把 RDD 理解成一个提供了许多操作接口的数据集合,和一般数据集不同的是,其实际数据分布存储在磁盘和内存中。

6. Transformation 的返回值是一个 RDD,如 Map、Filter、Union 等操作。它可以理解为一个领取任务的过程。如果只提交 Transformation 是不会提交任务来执行的,任务只有在 Action 提交时才会被触发。

　　Action 返回的结果把 RDD 持久化起来,是一个真正触发执行的过程。它将规划以任务(Job)的形式提交给计算引擎,由计算引擎将其转换为多个 Task,然后分发到相应的计算节点,开始真正的处理过程。

7. Spark 内核会在需要计算发生的时刻绘制一张关于计算路径的有向无环图,简称 DAG。在图中,从输入中逻辑上生成 A 和 C 两个 RDD,经过一系列 Transformation 操作,逻辑上生成了 F,注意,这时候计算没有发生,Spark 内核只是记录了 RDD 的生成和依赖关系。当 F 要进行输出(进行了 Action 操作)时,Spark 会根据 RDD 的依赖生成 DAG,并从起点开始真正的计算。

8. Spark SQL 作为 Spark 大数据框架的一部分,主要用于结构化数据处理和对 Spark 数据执行类 SQL 的查询,并且与 Spark 生态的其他模块无缝结合。

9. GraphX 是构建于 Spark 上的图计算模型,实现高效健壮的图计算框架。GraphX 的出现使得 Spark 生态系统在大图处理和计算领域得到了更加的完善和丰富,同时其与 Spark 生态系统其他组件进行很好的融合,以及强大的图数据处理能力,使其广泛的应用在多种大图处理的场景中。

10. (1) 数据持久化:将从网络上接收到的数据先暂时存储下来,为事件处理出错时的事件重演提供可能。

　　(2) 数据离散化:将数据其按时间分片。比如采用一分钟为时间间隔,那么在连续的一分钟内收集到的数据就集中存储在一起。

　　(3) 批量处理:将持久化下来的数据分批进行处理,处理机制套用 RDD 模式。

习题 10 答案

一、填空题

1. 基础设施即服务　　2. 开发环境　　3. 虚拟
4. 逻辑网络　　5. 一致化原则　　6. 混合云
7. 按需获取　　8. 虚拟化技术　　9. 终端用户
10. 硬件和软件

二、简答题

1. 云计算是一种用于对可配置共享资源池(网络、服务器、存储、应用和服务)通过网络方便的、按需获取的模型,它可以以最少的管理代价或以最少的服务商参与,快速地部署与发布。

2. 规模经济性、强大的虚拟化能力、高可靠性、高可扩展性、通用性强、按需服务、价格低廉、支持快速部署业务。

3. 基础设施即服务(IaaS)、平台即服务(PaaS)、软件即服务(SaaS)是云计算的 3 种应用服务模式。

4. 公有云、私有云和混合云。

5. 把有限的、固定的资源根据不同需求进行重新规划以达到最大利用率的思路,在 IT 领域就称为虚拟化技术。

习题 11 答案

一、填空题

1. 可视化运营报表工具,自助创建数据报表　　2. Intel Hadoop 管理器
3. Intel　　4. 百度大脑、数据工厂、开放云
5. Intel Hadoop　　6. 接入-存储-计算-输出-展示
7. Spark　　8. 海量网民行为数据

二、简答题

1. Intel 的 Hadoop 发行版针对现有实际案例中出现的问题进行了大量改进和优化,这些改进和优化弥补了开源 Hadoop 在实际案例中的缺陷和不足,并且提升了性能,具体见表 11-1。

2. 通过浏览器输入网址"http://trends.baidu.com/",进入该网站,分别选择"赛事预测"和"景区预测"按钮,选择相应比赛和景区,查看实时结果。

3. 一条常用的、完整的大数据处理流水线通常由"接入-存储-计算-输出-展示"五个环节组成。其中,接入层包括数据接入服务、Kafka;存储层包括 HDFS、HBase、PGXZ、TPG;计算层包括 MapReduce、Hive、Pig、Tez 等;输出层包括数据分发服务、TDE;展示层包括黄金眼、用户画像。

4. 通过该雷达图可以看到拉齐奥队与弗罗伦萨对在球队实力、联赛能力的比较上相当,在赛前状态和球场优势的比较上,拉齐奥队更胜一筹。

参 考 文 献

[1] 娄岩. 医学计算机与信息技术应用基础[M]. 北京：清华大学出版社,2015.

[2] 娄岩. 医学大数据挖掘与应用[M]. 北京：科学出版社,2015.

[3] April Reeve. Managing Data in Motion：Data Integration Best Practice Techniques and Technologies [M]. 北京：机械工业出版社,2013.

[4] Boris Lublinsky,Kevin T. Smith,Alexey Yakubovich. Hadoop. 高级编程：构建与实现大数据解决方案[M]. 穆玉伟,靳晓辉译. 北京：清华大学出版社,2014.

[5] 马明建. 数据采集与处理技术[M]. 西安：西安交通大学出版社,2005.

[6] 王雪文. 传感器原理及应用[M]. 北京：北京航空航天大学出版社,2004.

[7] 颜崇超. 医药临床研究中的数据管理[M]. 北京：科学出版社,2011.

[8] 陈为,沈则潜,陶煜波,等. 数据可视化[M]. 北京：电子工业出版社,2013.

[9] Nathan Yau. 鲜活的数据：数据可视化指南[M]. 向怡宁译. 北京：人民邮电出版社,2013.

[10] Julie Steele,NoahLliinsky. 数据可视化之美[M]. 祝洪凯,李妹芳译. 北京：机械工业出版社,2011.

[11] 蔡斌. Hadoop 技术内幕：深入解析 Hadoop Common 和 HDFS 架构设计与实现原理[M]. 北京：机械工业出版社,2013.

[12] 陆嘉恒. Hadoop 实战(第 2 版)[M]. 北京：机械工业出版社,2013.

[13] 刘军. Hadoop 大数据处理[M]. 北京：人民邮电出版社,2013.

[14] 黄宜华. 深入理解大数据：大数据处理与编程实践[M]. 北京：机械工业出版社,2014.

[15] 翟周伟. Hadoop 核心技术[M]. 北京：机械工业出版社,2015.

[16] Tom White. Hadoop 权威指南(中文版)[M]. 周傲英,曾大聃译. 北京：清华大学出版社,2011.

[17] 陆嘉恒. 大数据挑战与 NoSQL 数据库技术[M]. 北京：电子工业出版社,2013.

[18] 塞得拉吉·福勒. NoSQL 精粹[M]. 北京：机械工业出版社,2013.

[19] Welker,James A. Implementation of Electronic Data Capture Systems：Barriers and Solutions[J]. Contemporary Clinical Trials,28. 3 (2007)：329-336.

[20] Sun DW,Zhang GY,Zheng WM. Big Data Stream Computing：Technologies and Instances[J]. RuanJianXueBao/Journal of Software,2014,25(4)：839-862.

[21] Zaharia M,Chowdhury M,Franklin M,et al. Spark：Cluster Computing with Working Sets[J]. HotCloud 2010. 2010.

[22] Lai IKW,Tam SKT,Chan MFS. Knowledge Cloud System for Network Collaboration：A Case Study in Medical Service Industry in China [J]. Expert Systems with Applications,2012,39 (15)：12205-12212.

[23] Dixon BE,Simonaitis L,Goldberg HS,et al. A Pilot Study of Distributed Knowledge Management and Clinical Decision Support in the Cloud [J]. ARTIFICIAL INTELLIGENCE IN MEDICINE,2013,59(1)：SI：45-53.

[24] Souilmi Y,Lancaster AK,Jung JY,et al. Scalable and Cost-effective NGS Genotyping in the Cloud [J]. BMC Medical Genomics,2015,8：DOI：64.

[25] Shao B,Wang H,Li Y. Trinity：A Distributed Graph Engine on a Memory Cloud[J]. In：Proc. of the 2013 Int'l Conf. on Management of Data. ACM,2013. 505-516.

[26] 刘智慧,张泉灵. 大数据技术研究综述[J]. 浙江大学学报(工学版),第 48 卷第 6 期,2014,6.

[27] 胡秀. 数据挖掘中数据预处理的研究[J]. 赤峰学院学报(自然科学版),第 31 卷第 3 期上,2015,3.

[28] 卢志茂,冯进玫,范冬梅,等.面向大数据处理的划分聚类新方法[J].系统工程与电子技术,2014,No.05.

[29] 吴岳忠,周训志.面向 Hadoop 的云计算核心技术分析[J].湖南工业大学学报,2013,v.27;No.13801:77-80.

[30] 黄晓云.基于 HDFS 的云存储服务系统研究[D].大连海事大学,2010.

[31] 舒康.基于 HDFS 的分布式存储研究与实现[D].电子科技大学,2014.

[32] 杨宸铸.基于 HADOOP 的数据挖掘研究[D].重庆大学,2010.

[33] 曹风兵.基于 Hadoop 的云计算模型研究与应用[D].重庆大学,2011.

[34] 张得震.基于 Hadoop 的分布式文件系统优化技术研究[D].兰州交通大学,2013.

[35] 许春玲,张广泉.分布式文件系统 Hadoop HDFS 与传统文件系统 Linux FS 的比较与分析[J].苏州大学学报(工科版),2010,v.30;No.14504:5-9.

[36] 李文栋.基于 Spark 的大数据挖掘技术的研究与实现[D].山东:山东大学,2015.

[37] 刘峰波.大数据 Spark 技术研究[J].数字技术与应用,2015,9:90-92.

[38] 黎文阳.大数据处理模型 Apache Spark 研究[J].现代计算机(专业版),2015,8:55-60.

[39] 王芸.物联网、大数据分析和云计算[J].上海质量,2016,No.31903:49-51.

[40] 夏元清.云控制系统及其面临的挑战[J].自动化学报,2016,v.4201:1-12.

[41] 范艳.大数据安全与隐私保护[J].电子技术与软件工程,2016,No.7501:227.

[42] 姚莉."互联网+"时代教育模式的探讨[J].科技视界,2016,No.16203:191-192.

[43] 王玲,彭波."互联网+"时代的移动医疗 APP 应用前景与风险防范[J].牡丹江大学学报,2016,v.25;No.19701:157-160.

[44] 杨曦,GUL Jabeen,罗平.云时代下的大数据安全技术[J].中兴通讯技术,2016,v.22;No.12601:14-18.

[45] 王佳慧,刘川意,王国峰,方滨兴.基于可验证计算的可信云计算研究[J].计算机学报,2016,v.39;No.39802:286-304.

[46] 刘川意,王国峰,林杰,方滨兴.可信的云计算运行环境构建和审计[J].计算机学报,2016,v.39;No.39802:339-350.

[47] 邓建玲.能源互联网的概念及发展模式[J].电力自动化设备,2016,v.36;No.26303:1-5.

[48] 杨田贵.云计算及其应用综述[J].软件导刊,2016,v.15;No.16103:136-138.

[49] 刘建庆.云计算安全研究[J].电子技术与软件工程,2016,No.7602:208.

[50] 张蕾,李井泉,曲武,白涛.基于 Spark Streaming 的僵尸主机检测算法[J].计算机应用研究,2016,05:1-9.

[51] http://wenku.baidu.com.百度文库.

[52] http://baike.baidu.com.百度百科.

[53] http://ztic.com.cn/index.asp.北京中泰研创科技有限公司.

[54] http://www.cfc365.com/technology/bigdata/2015-03-04/13202.shtml.互联网大数据采集与处理的关键技术研究.

[55] http://www.cnblogs.com/hxsyl/p/4176280.html.海量数据处理利器之布隆过滤器.

[56] http://biyelunwen.yjbys.com/fanwen/wangluogongcheng/602040.html.网络大数据的现状与展望.

[57] http://www.dss.gov.cn/News_wenzhang.asp?ArticleID=374749.大数据时代亟需强化数据清洗环节的规范和标准.

[58] http://www.36dsj.com/archives/22742.介绍两款大数据清洗工具——DataWrangler、Google Refine.

[59] http://www.c114.net/anfang/4324/a885276.html.物联网中的大数据.

[60] http://www.limingit.com/sitecn/xydt/1643_1567.html.大数据分析的理论方法有哪些.

[61] http://www.d1net.com/bigdata/news/236920.html.论大数据分析普遍存在的方法理论.

[62] http://research.microsoft.com/trinityGraph.Engine 1.0 Preview Released.

[63] http://www.jos.org.cn/html/2014/9/4674.htm. 大数据系统和分析技术综述.

[64] http://baike.baidu.com/link? url=S6nIjdR8wqADDp_E_c3VJPngitVNIA2N9EbsaPJ6GV5Rr0xbD
0oVbh-f_Y02EpDc2lADdVDmfwtf2hjOh4ij_5_hYWSpUcLQq5bipvsoMQi ETL. 数据仓库技术.

[65] http://www.36dsj.com/archives/32375. 德国用深度学习算法让人工智能系统学习梵高画名画.

[66] http://book.51cto.com/art/201211/363762.htm. Hadoop. 项目及其结构.

[67] http://www.68dl.com/bigdata_tech/2014/0920/8431.html. Hadoop 的应用现状和发展趋势.

[68] http://blog.csdn.net/sdlyjzh/article/details/28876385. Hadoop 中 HDFS 工作原理.

[69] http://blog.csdn.net/wangloveall/article/details/20837019. Hadoop 之 HDFS.

[70] http://blessht.iteye.com/blog/2095675. 《Hadoop 基础教程》之初识 Hadoop.

[71] http://www.douban.com/note/318699253. 远程过程调用 RPC.

[72] http://blog.csdn.net/gaoxingnengjisuan/article/details/11177049. HDFS 源码分析.

[73] http://blog.fens.me/rhadoop-hadoop. Hadoop 环境搭建.

[74] http://blog.csdn.net/lifuxiangcaohui/article/details/39889653. Hbase 与 Hive 的区别与联系.

[75] http://blog.csdn.net/lifuxiangcaohui/article/details/39894265. Hbase 常识及 habse 适合什么场景.

[76] http://www.360doc.com/content/15/0424/00/20625606_465564766.shtml. 国内外 Hadoop 现状.

[77] http://www.open-open.com/lib/view/open1384310068008.html. 什么是 Spark.

[78] http://www.68dl.com/bigdata_tech/2014/0810/36.html. 大数据为什么要选择 Spark.

[79] http://www.linuxidc.com/Linux/2013-08/88593.htm. Spark 随谈.

[80] http://www.cnblogs.com/kinglau/archive/2013/08/20/3270160.html. Windows 平台下安装 Hadoop.

[81] https://www.douban.com/group/topic/71031988. Hadoop 未来的发展前景.

[82] http://www.cnblogs.com/laov/p/3434917.html. HDFS 的运行原理.

[83] http://blog.jobbole.com/80619/. 伯乐在线.

[84] http://www.chinacloud.cn/show.aspx? id=15369&cid=17. 中国云计算.

[85] http://www.thebigdata.cn/Hadoop/11632.html? utm_source=tuicool&utm_medium=referral. 中国大数据.

[86] http://www.educity.cn/ei/996083.html. 希赛网.

[87] http://www.chinacloud.cn/show.aspx? id=5356&cid=17. 中国云计算.

[88] http://sishuok.com/forum/blogPost/list/5456.html. 私塾在线.

[89] http://bigdata.qq.com/article? id=1231. 腾讯大数据.

[90] http://www.open-open.com/lib/view/open1400054279692.html. 深度开源.

[91] http://www.open-open.com/lib/view/open1386293603220.html. 深度开源.

[92] http://fushengfei.iteye.com/blog/832414. ITeye.

[93] http://www.csdn.net/article/2013-01-07/2813477-confused-about-mapreduce. CSDN 社区.

[94] http://www.weather.com.cn/static/html/weather.shtml. 中国天气网.

[95] http://www.elsyy.com/news/2016/0112/5438341410.htmlhadoop 是什么? hadoop 局限与不足.

[96] http://www.csdn.net/article/2014-06-05/2820089. 大数据计算新贵 Spark 在腾讯雅虎优酷成功应用解析.

[97] http://blog.csdn.net/crazyhacking/article/details/44491679. Spark 的优势.

[98] http://www.jdon.com/bigdata/why-spark.html. 为什么使用 Spark?

[99] http://www.tuicool.com/articles/eq2meyf. Spark 基础知识学习分享.

[100] http://www.zhihu.com/question/26568496. 与 Hadoop 对比,如何看待 Spark 技术?

[101] http://www.csdn.net/article/2014-01-27/2818282-Spark-Streaming-big-data816208703. Spark Streaming: 大规模流式数据处理的新贵.

[102] http://developer.51cto.com/art/201502/464742.htm. 大数据计算平台 Spark 内核全面解读(1).

[103] http://bigdata.qq.com/article? id=2835. 腾讯大数据套件带你玩转大数据.

[104] http://www.cbdio.com/BigData/2015-11/30/content_4216883.htm. 大数据可视化概念简介以及相关工具介绍.

[105] http://www.open-open.com/lib/view/open1426752153336.html. 利用 d3.js 对 QQ 群大数据资料进行可视化分析.

[106] http://www.ciotimes.com/bigdata/102279.html. 大数据课堂：数据可视化 6 步法.

[107] http://www.cbdio.com/BigData/2015-03/18/content_2645859.htm. 盘点：55 个最实用大数据可视化分析工具.

[108] http://www.36dsj.com/archives/20467. 可视化的价值与应用.

[109] http://www.csdn.net/article/2013-07-24/2816330-how-to-choose-nosql-db. 一网打尽当下 NoSQL 类型、适用场景及使用公司.

[110] http://www.cnblogs.com/loveis715/p/5277051.html. 图形数据库 Neo4J 简介.

图 书 资 源 支 持

感谢您一直以来对清华版图书的支持和爱护。为了配合本书的使用,本书提供配套的素材,有需求的用户请到清华大学出版社主页(http://www.tup.com.cn)上查询和下载,也可以拨打电话或发送电子邮件咨询。

如果您在使用本书的过程中遇到了什么问题,或者有相关图书出版计划,也请您发邮件告诉我们,以便我们更好地为您服务。

我们的联系方式:

地　　址:北京海淀区双清路学研大厦 A 座 707

邮　　编:100084

电　　话:010－62770175－4604

资源下载:http://www.tup.com.cn

电子邮件:weijj@tup.tsinghua.edu.cn

QQ:883604(请写明您的单位和姓名)

扫一扫
资源下载、样书申请
新书推荐、技术交流

用微信扫一扫右边的二维码,即可关注清华大学出版社公众号"书圈"。